U0346893

网络信息安全与管理

叶思远 洪轶群 陈如明 ◎ 著

吉林文史出版社

图书在版编目（CIP）数据

网络信息安全与管理 / 叶思远，洪轶群，陈如明著
. -- 长春 ：吉林文史出版社，2023.10
ISBN 978-7-5472-9843-5

Ⅰ．①网… Ⅱ．①叶… ②洪… ③陈… Ⅲ．①计算机
网络－信息安全－安全管理 Ⅳ．①TP393.08

中国国家版本馆CIP数据核字(2023)第186310号

WANGLUO XINXI ANQUAN YU GUANLI
网络信息安全与管理

著　　者 / 叶思远　洪轶群　陈如明
责任编辑 / 张焱乔
出版发行 / 吉林文史出版社
地址邮编 / 吉林省长春市福祉大路5788号 （130117）
邮购电话 / 0431-81629359 81629374
印　　刷 / 吉林省优视印务有限公司
开　　本 / 787mm×1092mm　1/16
字　　数 / 230千字
印　　张 / 10.5
版　　次 / 2023年10月第1版
印　　次 / 2023年10月第1次印刷
书　　号 / ISBN 978-7-5472-9843-5
定　　价 / 78.00元

前　言

在科学技术飞速发展的今天，网络在给人们带来方便的同时，也带来了信息泄露、个人数据被破坏的风险。网络一旦被攻击或者被破坏，不但会使用户自身的信息被窃取，造成非常大的损失，而且会造成整个网络的瘫痪，后果不堪设想。因此，全面、系统地建立网络安全机制，从而使用户高效、安全地开发和利用网络资源，是近年来许多专家和学者一直关注的问题。

为了降低信息网络面临的安全风险，我们必须采取相应的技术手段，保护网络设备和程序数据。如今，网络信息技术的应用愈加广泛，应用层次逐步深入，应用范围不断扩大，这也使网络安全问题更加突出，并受到越来越广泛的关注。计算机网络的安全性已成为当今信息化建设的核心问题之一。越来越多的不法分子利用网络窃取信息，进而达到犯罪目的。所以，进行针对网络安全及防护技术的研究与升级，已经刻不容缓。

本书首先简要分析了信息安全的概况，介绍了计算机网络技术的基础内容，使读者对网络信息有大致的了解，然后阐述了数据库与数据安全技术，并对网络病毒防治技术进行了重点介绍，最后分析了网络安全现状。本书对该领域的研究具有一定的指导意义。

在写作过程中，作者参阅了很多资料和文献，为了保证论述的严谨性与专业性，还引用了许多专家、学者的观点，在此，对相关文献的作者及专家、学者致以最诚挚的谢意。书中存在的不足之处，恳请专家、学者和读者朋友们批评指正。

目　录

第一章 网络信息安全理论

第一节 网络信息安全概述

一、信息安全的定义

人们对信息安全的认识，是一个由浅入深、由此及彼、由表及里的过程。20世纪60年代，人们认为信息安全就是通信保密，所采取的保障措施就是加密和基于计算机规则的访问控制。到了20世纪90年代，人们对信息安全的认识加深了，逐步意识到数字化信息除了有保密性的需要，还有信息的完整性、信息和信息系统的可用性的需求，因此明确提出了保证信息安全就是要保持信息的保密性、完整性和可用性，人们由此进入了信息安全时代。其后由于社会管理以及电子商务、电子政务等网上应用的开展，人们又逐步认识到要关注网络信息的可控性和不可否认性（真实性）。1993年6月，美国政府同加拿大及欧洲共同体（现称欧盟）共同起草了单一的通用准则（简称CC标准），并将其推广为国际标准，把所有的安全问题定义为信息系统或安全产品的安全策略、安全功能、管理、开发、维护、检测、恢复和安全评测等概念的简称。

信息安全的概念是与时俱进的。信息安全主要涉及信息存储的安全、信息传输的安全以及对网络传输信息内容的审计三个方面。它主要研究计算机系统和通信网络内信息的保护方法。

二、网络信息安全的不同含义

从广义上来说，凡是涉及网络信息的完整性、保密性、真实性、可用性和可控性的相关技术和理论都是网络信息安全的研究内容。下面给出网络信息安全的一般定义：网络信息安全是指信息系统的硬件、软件、网络及其系统中的数据受到保护，不因偶然或者恶意的事件而遭到破坏、更改、泄露，系统连续可靠正常地运行，信息服务不中断。

网络信息安全的具体含义和侧重点会随着观察者的观察角度的变化而变化。

从用户（个人用户或者企业用户）的角度来说，他们最关心的问题是如何保证涉及个人隐私或商业利益的数据在传输、交换和存储过程中的保密性、完整性和真实性，避免其他人（特别是其竞争对手）利用窃听、冒充、篡改和抵赖等手段对其利益、隐私造成损害和侵犯，同时也希望他们保存在某个网络信息系统中的数据不受其他非授权用户的访问和破坏。

从网络运行和管理者的角度来说，他们最关心的问题是如何保护和控制其他人对本地网络信息的访问和读写等操作。比如，避免出现"陷门"、病毒、非法存取、拒绝服务、网络资源被非法占用与非法控制等威胁，以及制止和防御网络黑客的攻击。

从社会教育和意识形态的角度来说，人们最关心的问题是如何杜绝和控制网络上不健康的内容。有害信息会对社会的稳定和人类的发展造成不良影响。

三、网络信息安全的特征

网络信息安全具有以下五个方面的特征。

（一）保密性

保密性是指保证网络信息不被泄露给非授权的用户、实体，以免供其利用的特性，即防止网络信息泄漏给非授权个人、实体，网络信息只供授权用户使用的特性。

（二）完整性

完整性是指网络信息未经授权不能改变的特性，即网络信息在存储或传输过程中保持不因被偶然或蓄意地删除、修改、伪造、乱序、重放、插入等而被破坏和丢失的特性。完整性是一种面向网络信息的安全性要求，它要求保持网络信息的原样，即信息的正确生成、正确存储和正确传输。

（三）真实性

真实性也称作不可否认性。在网络信息系统的信息交互过程中，要确信参与者的真实同一性，即所有参与者都不可能否认或抵赖曾经完成的操作和承诺。利用网络信息源证据可以防止发信方在发送信息后否认已发送信息，利用递交接收证据可以防止收信方在事后否认已经接收到信息。

（四）可用性

可用性是指网络信息可被授权实体访问并按需求使用的特性，即网络信息服务允许授权用户或实体在需要时使用的特性，或者是指网络信息系统（包括网络）在部分受损、需要降级使用时，仍能为授权用户提供有效服务的特性。

（五）可控性

可控性是指授权机构对网络信息的传播及内容具有控制力的特性，即授权机构可以随时控制网络信息的机密性。"密钥托管""密钥恢复"等就是实现网络信息安全可控性的举措。

第二节　网络信息系统面临的威胁

网络的发展，使信息共享的应用日益广泛。但是信息在公共通信网络上存储、共享和传输的过程中，有可能会被非法窃听、截取、篡改或毁坏，从而造成不可估量的损失。尤其是对银行系统、商业系统、管理部门、政府或军事领域而言，关于信息在公共通信网络中存储与传输的数据安全问题更是备受关注。

一方面，信息系统的网络化为资源的共享和用户的使用提供了方便，通过分布式处理提高了系统效率，并且使系统能力具备了可扩充性。另一方面，这些特点也增加了网络信息系统的不安全性。本书所讨论的信息系统主要指网络信息系统。

网络信息安全面临的威胁来自很多方面，并且随着时间的变化而变化。这些威胁可以宏观地分为人为威胁和自然威胁。自然威胁可能来自各种自然灾害、恶劣的场地环境、电磁辐射、电磁干扰以及设备的自然老化等。本书重点讨论人为威胁。此种威胁通过攻击系统暴露的要害或弱点，使网络信息的保密性、完整性、真实性、可控性和可用性等受到伤害，造成不可估量的经济和政治损失。人为威胁又分为两种：一种是以计算机犯罪为代表的有意威胁（恶意攻击），一种是以操作失误为代表的无意威胁（偶然事故）。虽然人为的偶然事故没有明显的恶意，但它也会使信息受到严重破坏。

一、恶意攻击

恶意攻击是人为的、有目的的破坏，可以分为主动攻击和被动攻击。主动攻击是指以各种方式有选择地破坏信息（如修改、删除、伪造、添加、重放、乱序、冒充和制造病毒等）。被动攻击是指在不干扰网络信息系统正常工作的情况下，进行侦查、截获、窃取、破译、业务流量分析及电磁泄漏等。

恶意攻击有如下几种类型。

（一）窃听

在广播式网络信息系统中，人们在每个节点都能读取网上的数据。对广播网络的基带同轴电缆或双绞线进行搭线窃听是很容易的，安装通信监视器和读取网上的信息也很容易。网络体系的结构允许监视器接收网上传输的所有数据帧而不考虑帧的传输目的地址，这种特性使窃听网上的数据或非授权访问变得很容易且不易被发现。

（二）流量分析

流量分析能通过对网上信息流的观察和分析推断出网上的数据信息，比如有无传输，传输的数量、方向和频率等。因为在网络信息系统的所有节点都能访问全网，所以流量的分析易于完成。又因为报头信息不能被加密，所以即使对数据进行加密处理，也可以进行有效的流量分析。

（三）破坏完整性

破坏完整性是指有意或无意地修改、破坏信息系统，或者在非授权和不能监测的条件下对数据进行修改。

（四）重发

重发是指重复一份报文或报文的一部分内容，以便产生一个被授权的效果。当一个节点拷贝其他节点的报文并在其后重发它们时，如果不能检测到重发请求，节点便会依据此报文的内容接收某些操作，假如报文的内容是关闭网络的命令，则会出现严重的后果。

（五）假冒

当一个实体假扮成另一个实体时，就发生了假冒。每一个非授权节点或不被信任的、有危险的授权节点都能冒充成一个授权节点，而且不会很困难。很多网络适配器都允许节点自己来选取或改变网页的源地址，这就使冒充变得较为容易。

（六）拒绝服务

当一个授权实体不能获得对网络资源的访问权或当紧急操作被推迟时，就发生了拒绝服务。拒绝服务可能因网络部件的物理损坏而引起，也可能因使用不正确的网络协议而引起（例如传输了错误的信号或在不适当的时候发出了信号），也可能因超载而引起。

（七）资源的非授权使用

资源的非授权使用即所使用的安全策略与定义的安全策略不一致。因为常规技术不能限制节点收发信息，也不能限制节点侦听数据，所以一个合法节点能访问网络上的所有数据和资源。

（八）病毒

目前，计算机病毒已有了相当的规模，而且新的病毒还在不断出现。随着计算机技术的不断发展以及人们对计算机系统和网络的依赖程度的增加，病毒已经成为对计算机系统和网络具有严重威胁的存在。

二、安全缺陷

假如网络信息系统本身没有任何安全缺陷，那么恶意攻击者即使有天大的本事，也不能对网络信息安全构成威胁。目前所有的网络信息系统都不可避免地存在安全缺陷，有些安全缺陷可以通过人为努力加以避免或改进，但有些安全缺陷却无法避免。

网络信息系统是计算机技术和通信技术的结合。计算机系统的安全缺陷和通信网络的安全缺陷构成了网络信息系统的潜在安全缺陷。

（一）计算机硬件安全缺陷

计算机硬件资源易受自然灾害和人为破坏的影响，计算机硬件工作时产生的电磁辐射、硬件的自然失效以及外界的电磁干扰等均会影响计算机的正常工作。计算机及其外围设备在进行信息处理时会产生电磁泄漏，即电磁辐射。其中，以视频显示器的辐射发射最为严重。由于计算机网络传输媒介的多样性和网内设备分布的广泛性，电磁辐射造成的信息泄漏十分严重。有些先进设备能在一公里以外收集计算机站的电磁辐射信息，而且能区分不同计算机终端的信息。因此，电磁辐射已对计算机信息的安全构成了严重威胁。

（二）计算机软件安全缺陷

软件资源和数据信息易受计算机病毒的侵扰，以及非授权用户的复制、篡改和毁坏的影响。由于软件程序的复杂性和编程的多样性，信息系统的软件很容易有意或无意地留下一些不易被发现的安全漏洞。软件漏洞必然会影响计算机信息的安全。下面介绍一些有代表性的软件安全漏洞。

1. 陷门

陷门是指一个程序模块秘密的、未记入文档的入口。一般陷门是指在程序开发时被插入的一小段程序，用于测试这个模块，连接将来的更改和升级程序，或发生故障后为程序员提供方便等。通常在程序开发后期会去掉这些陷门。但是由于各种原因，陷门也有可能被保留下来。陷门一旦被原来的程序员利用，或者被他人发现，将会带来严重的后果。比如，可能会有人利用陷门在程序中建立隐蔽通道，甚至植入一些隐蔽的病毒程序等。非法利用陷门可以使原来相互隔离的网络信息形成某种隐蔽的关联，进而可以非法访问网络，达到窃取、更改、伪造和破坏信息的目的，甚至有可能造成网络信息系统的大面积瘫痪。

2. 操作系统的安全漏洞

操作系统是指连接硬件和软件应用程序之间接口的程序模块，它是整个计算机信息系统的核心控制软件。系统的安全性体现在整个操作系统之中。对一个在设计上不够安全的操作系统采用增加安全特性或打补丁的办法来填补漏洞是一项很艰巨的任务，特别是对于引进的国外设备，在没有详细技术资料的情况下，操作起来会更加复杂。操作系统的主要功能包括：进程控制和调度、信息处理、存储器管理、文件管理、输入/

输出管理、资源管理及时间管理等。操作系统的安全是深层次的，其主要的安全功能包括：存储器保护（限定存储区和地址重定位，保护存储的信息）、文件保护（保护用户和系统文件，防止非授权用户访问）、访问控制以及身份认证（识别请求访问的用户的权限和身份）。操作系统的安全漏洞主要有以下四个方面：输入／输出（I/O）非法访问，访问控制的混乱，不完全的中介，操作系统陷门。

3．数据库的安全漏洞

数据库是指在操作系统的文件系统的基础上派生出来的用于管理大量数据的系统。数据库的全部数据都记录在存储媒体上，并由数据库管理系统统一管理。数据库管理系统为用户及应用程序提供了一种访问数据的方法，并且负责对数据库进行组织和管理，以及对数据库进行维护和恢复。数据库系统的安全策略，部分由操作系统完成，部分由强化数据库管理系统的自身安全措施完成。数据库系统存放的数据的价值往往比计算机系统本身的价值大得多，因此必须加以特别保护。

从操作系统的角度看，数据库管理系统是一种应用程序，而数据库是一种数据文件。为了防止数据库中的数据受到物理破坏而不能恢复，应对数据库系统的所有文件采取定期备份的方式来保护系统的完整性。数据库管理系统是在操作系统的基础上运行的应用程序，是由多个用户共享的应用软件。因此，不能允许它具有任何通向操作系统的可信途径。数据库管理系统必须具有独立的用户身份鉴别机制，以便构成一种双重保护。有时还可以对使用数据库的时间甚至地点加以限制，并要求用户只能在指定时间、指定终端上对数据库系统进行指定操作。

有些数据库将原始数据以明文形式进行存储，这是不够安全的。实际上，高明的入侵者可以从计算机系统的内存中导出所需信息，或者采用某种方式进入系统，从系统的后备存储器上窃取数据或篡改数据。因此，必要时应对存储数据进行加密保护。数据库的加密应该采用独特的加密和密钥管理方法，因为数据的生命周期一般较长，所以密钥的保存时间也要相应延长。

（三）通信网络安全缺陷

通信链路易受自然灾害和人为破坏的影响。窃密者通过主动攻击和被动攻击可以窃听通信链路的信息并非法进入计算机网络，进而获取有关敏感性的重要信息。下面介绍一些有代表性的网络安全漏洞。

1. 网络拓扑结构的安全缺陷

拓扑逻辑是指网络的结构方式，是连接在地理位置上分散的各个节点的几何逻辑方式。拓扑逻辑决定了网络的工作原理及网络信息的传输方法。一旦网络的拓扑逻辑被选定，就必定要选择一种适合这种拓扑逻辑的工作方式与信息传输方式。如果这种选择和配置不当，将为网络安全埋下隐患。事实上，网络的拓扑结构本身就有可能给网络的安全带来隐患。

2. 网络硬件的安全缺陷

作为网络信息系统的躯体，网络硬件的安全隐患也是网络结构出现缺陷的重要原因，下面简要介绍以下几种用网络硬件设备的安全隐患。

（1）网桥的安全隐患

网桥是指独立于协议的互联设备。它在 OSI 参考模型的第二层工作，完成数据帧的转发，主要目的是在连接的网络间提供透明的通信。网桥依据数据帧中的源地址和目的地址来判断一个数据帧是否应被转发和转发到哪个端口。数据帧中的地址称为"MAC"地址或"硬件"地址，一般就是网卡所在的地址。网络上的设备看不到网桥的存在，设备之间的通信就如同在一个网络上。网桥是在数据帧上进行转发的，因而只能连接相同或相似的网络（如以太网之间、以太网与令牌环网之间的互联），只能转发有着相同或相似结构的数据帧。对于不同类型的网络或不同结构的数据帧，网桥就失去了作用。网桥的应用较为广泛，但网桥的互联存在不少的问题。一是广播风暴，由于网桥不能阻挡网络中的广播信息，当网络的规模比较大时（几个网桥，多个以太网段），就有可能引起网络风暴，导致整个网络全都被广播信息填满，直至完全瘫痪。二是当与外部网络连接时，网桥会把内部网络和外部网络合二为一，成为一个网，双方都向对方完全开放自己的网络资源。其主要根源是网桥只能最大限度地沟通网络，而不能分辨传送什么信息。三是网桥会基于"最佳效果"来传送数据信息包，这种传送方式可能会引起数据丢失，为网络安全埋下隐患。

（2）路由器的安全隐患

路由器在 OSI 网络模型的第三层（网络层）工作。路由器的基本功能可以概括为路由和交换。所谓路由，是指选择信息传送的最佳路径，以提高通信速度，减轻网络负荷，使网络系统发挥最大效能；所谓交换，是指路由器能够连接不同结构、不同协议的多种网络，在这些网络之间传递信息。由于路由器要处理大量信息，而且功能和任务都很繁重（路由选择、信息及协议的转换、网络安全功能的实现、信息的加密和压缩处理、优先级控制以及信息统计等），它的传输速度比网桥要慢，还可能会影响到信息量。路由器共有两种选择方式，即静态路由选择和动态路由选择。路由表也分为静态路由表和动态路由表，其中动态路由表具有可修改性，可能会给网络安全带来风险。若一个路由器的路由表被恶意修改或破坏，则可能会给网络的整体或局部带来灾难性的后果。此外，某些局域网可能会采用 IP 过滤技术，即利用路由器的 IP 过滤、控制来自网络外部的非授权用户，但由于 IP 的冒用，往往不能达到维护网络安全的目的。而且，此法可能会引起网络黑客对路由表的攻击。

3. TCP/IP 通信协议的安全漏洞

通信网的运行机制是以通信协议为基础的。不同节点之间的信息交换是按照事先约定的固定机制，通过协议数据单元来完成的。对每个节点来说，所谓通信只是对接收到的一系列协议数据单元产生响应，而无法保证从网上得来的信息的真实性和从节点发给网中其他节点的信息的真实性。高速信息网在技术上以传统电信网为基础，通过改革传输协议发展而来。因此，各种传输协议之间的不一致性，也会大大影响信息的安全质量。TCP/IP 通信协议是 20 世纪 90 年代以来发展最为迅速的网络协议。尽管 TCP/IP 技术在网络方面取得了巨大的成功，但它的不足之处也越来越明显。TCP/IP 通信协议，在设计初期并没有考虑到安全性问题，而且用户和网络管理员没有足够的精力专注于网络安全控制，加上操作系统和应用程序越来越复杂，开发人员不可能测试出所有的安全漏洞，因此连接到网络的计算机系统就有可能受到外界的恶意攻击和窃取。在异种机型间资源共享的背后，是既令黑客心动又让网络安全专家头痛的一个又一个的漏洞和缺陷：脆弱的认证机制，容易被窃听或监视，易受欺骗，有缺陷的 LAN 服务，相互信任的主机，复杂的设置和控制，基于主机的安全不易扩展以及 IP 地址的不保密性等。

4．网络软件与网络服务的漏洞

比较常见的网络软件与网络服务的漏洞如下：Finger 漏洞，FTP 匿名登录的漏洞，远程登录的漏洞，电子邮件的漏洞。

5．口令设置的漏洞

口令是网络信息系统中常用的安全与保密措施之一。如果用户采用了适当的口令，那么他的信息系统的安全性将大大增强。但是实际上，谨慎设置口令的网络用户很少，这给计算机内信息的安全保护带来了很大的隐患。如果用户选择的口令不当，那么即便所设计的网络信息系统的安全性再强，也存在被破坏的危险。

第三节　网络信息安全研究内容及关键技术

从系统安全的角度可以把网络安全的研究内容分成三类：网络侦查（信息探测）、网络攻击和网络防护。相应地，网络安全的主要技术也可以分为三类，即网络侦查技术、网络攻击技术和网络防护技术。

一、网络侦查

网络侦查也称网络信息探测，是指运用各种技术手段，采用适当的策略对目标网络进行探测扫描，获得有关目标计算机网络系统的拓扑结构、通信体制、加密方式、网络协议、操作系统、系统功能及目标地理位置等各方面的有用信息，并进一步判断其主控节点和脆弱节点，为实施网络攻击提供可靠的情报。网络侦查涉及的关键技术有如下几种。

（一）端口探测技术

端口探测技术主要利用端口扫描软件进行端口探测，以发现网络上的活跃主机及其开放的协议端口。网络信息系统的目标是资源共享和提供联通服务，二者均离不开网络协议端口。通过端口探测，就可以初步判断哪些主机提供了哪些服务，为进一步的信息探测提供依据。

（二）漏洞探测技术

一般情况下，在硬件、软件、协议的具体实现过程或系统安全策略上会不可避免地存在缺陷。这些缺陷如果被攻击者利用，就会成为漏洞。

漏洞探测也称漏洞扫描，是指利用技术手段获得目标系统中漏洞的详细信息。目前有两种常用的漏洞探测方法：其一是对目标系统进行模拟攻击，若攻击成功则说明系统存在相应的漏洞；其二是根据目标系统提供的服务和其他相关信息，判断目标系统是否存在漏洞，这是因为特定的漏洞与服务、版本号等密切相关，也称信息型漏洞探测。目前的反病毒软件（如 360 安全卫士、金山毒霸等）所附带的漏洞修补软件就采用了信息型漏洞探测的方法。

（三）隐蔽侦查技术

一般来说，重要的信息系统都附带很强的反侦查措施，常规的侦查技术很容易被目标主机觉察或被目标网络中的入侵检测系统发现，因而要采用一些手段进行隐蔽侦查。隐蔽侦查采用的主要手段有秘密端口探测、随机端口探测、慢速探测等。

1．秘密端口探测

进行常规的端口探测必须先与目标主机的端口建立连接，目标主机会对这种完整的连接做记录，而秘密端口探测并不包含任何一个连接建立的过程，因此很难被发现。

2．随机端口探测

许多入侵检测系统和防火墙会检测到连续端口的连接尝试。而采用随机端口号进行跳跃扫描能降低被检测到的可能性。

3．慢速探测

入侵检测系统能够通过在一段时间内对网络流量进行分析，检测到是否有一个固定的 IP 地址对主机进行端口扫描。这段时间被称为检测门限。因此，可以将对同一目标进行探测的时间间隔延长，使其超过检测门限，以达到不被发现的目的。

（四）渗透侦查技术

渗透侦查技术指的是在目标系统中植入特定的软件，从而完成情报收集的技术。渗透侦查技术主要采用反弹端口型木马技术。攻击者为了将木马植入目标系统，一般采用诱骗方法使目标用户主动下载木马软件。例如，设置一些免费共享的软件或网站，引诱用户点击相关链接，用户一旦点击了该链接，就自动下载了木马软件。

二、网络攻击

网络攻击的目的是破坏目标系统的安全性，即破坏或降低目标系统的机密性、完整性和可用性等，因此，凡是可以达成这个目标的行为和措施都可以被认为是网络攻击。计算机的硬件和软件、网络协议和结构以及网络管理等方面不可避免地存在安全漏洞，这使网络攻击成为可能。网络攻击涉及的技术和手段很多，下面列举几种常见的网络攻击技术。

（一）拒绝服务

拒绝服务攻击的主要目的是降低或剥夺目标系统的可用性，使合法用户得不到服务或不能及时得到服务，一般通过耗尽网络带宽或耗尽目标主机资源的方式进行。例如，攻击者通过向目标系统建立大量的连接请求，阻塞通信信道，延缓网络传输，挤占目标机器的服务缓冲区，导致目标系统疲于应付，响应迟钝，直至网络瘫痪、系统关闭。为了提高攻击的成功率，攻击者在实际攻击中多采用分布式拒绝服务攻击的方法，也就是协调多台计算机同时对目标实施拒绝服务攻击。

（二）入侵攻击

入侵攻击是指攻击者利用目标系统的漏洞非法进入系统，以获得一定的权限，进而实施窃取信息、删除文件、埋设后门等行为，导致目标系统瘫痪。入侵攻击是最有效也是最难的攻击方式。

入侵攻击最常用的技术手段是攻击目标系统中存在缓冲区溢出漏洞的进程，在目标进程中执行具有特定功能的代码，从而获得目标系统的控制权。

（三）病毒攻击

病毒攻击是指攻击者将同时具有感染性和寄生性的代码隐藏在目标系统中，通过病毒的自我复制、传播，侵入其程序，篡改正常运行的程序，损害这些程序的有效功能。计算机病毒就是一种典型的恶意代码，恶意代码是指可以在计算机之间和网络之间传播的任何程序或可执行代码，它们可以在未授权的情况下有目的地更改或控制计算机及网络系统。比如木马、后门、逻辑炸弹、蠕虫等。

1. 木马

木马是一种隐藏在目标系统中的特殊程序，其主要目的是绕过系统的访问控制机制。木马可以通过电子邮件或者与一些可免费下载的可执行文件捆绑进行传播。

2．后门

后门有时也叫陷阱，是程序员故意在正常程序中设置的额外功能，它允许非法用户以未授权的方式访问系统。

3．逻辑炸弹

逻辑炸弹也是程序员故意设置的额外功能。在计算机系统运行的过程中，当某个条件恰好得到满足（如系统时间达到某个值、服务程序收到某个特定的消息）时，就会触发恶意程序的执行条件，使系统产生异常甚至造成灾难性后果。例如使某个进程无法正常运行、删除重要的磁盘分区、毁坏数据库数据、使系统瘫痪等。

4．蠕虫

蠕虫是可以在网络上不同的主机间传播，而不修改目标主机上其他程序的一类程序。蠕虫其实是一种自治的攻击代理程序，可以自动完成网络侦查、网络入侵的任务。

（五）电子邮件攻击

利用电子邮件的缺陷进行的攻击称为电子邮件攻击。传统的邮件攻击主要是向目标邮件服务器发送大量的垃圾邮件，从而塞满邮箱，大量占用邮件服务器的可用空间和资源，使邮件服务器暂时无法正常工作，甚至使目标系统瘫痪。由于反垃圾邮件技术的广泛使用，现在的邮件攻击大多会发送伪造或诱骗的电子邮件，诱骗用户去执行一些危害网络安全的操作。例如，在电子邮件的附件中捆绑木马病毒，用户一旦打开附件就可能运行病毒或在电脑中植入木马。

（六）诱饵攻击

诱饵攻击是指通过建立诱饵网站，诱骗用户去浏览或点击，从而实现对系统进行攻击的目标。例如，有些网站通过提供免费共享的实用软件（这些软件已嵌入了木马或后门）诱导用户，当用户浏览、下载并运行这些貌似正常的软件时，木马就会悄无声息地植入浏览者的计算机；有些网站表面上提供免费共享的小说，供用户阅读，但却在页面上嵌套了恶意脚本，用户一旦浏览其中的图片或视频，其电脑就会被植入病毒。诱饵攻击是一种被动攻击，用户只要保持足够的警觉就可以避免。

三、网络防护

网络防护是指为确保己方网络信息系统的保密性、完整性、真实性、可用性、可控性与可审查性而采取的措施和行为。

有人将网络信息安全建设的目的归结为"五不"，即进不来、拿不走、看不懂、改不了、走不脱。

进不来：使用访问控制机制，阻止非授权用户进入网络，从而保证网络系统的可用性。

拿不走：使用授权机制，实现对用户权限的控制，同时结合内容审计机制，从而确保网络资源及信息的可控性。

看不懂：使用加密机制，确保信息不暴露给未授权的实体或者进程，从而确保信息的保密性。

改不了：使用数据完整性鉴别机制，保证只有得到允许的人才能修改数据，从而确保信息的完整性和真实性。

走不脱：使用审计、监控、防抵赖等安全机制，使破坏者逃不掉，并进一步对网络出现的安全问题提供调查依据和手段，从而确保信息安全的可审查性。

网络防护技术主要包括防火墙技术、入侵检测技术、病毒防护技术、数据加密技术、认证技术和"蜜罐"技术等。

（一）防火墙技术

防火墙技术是最基本的网络防护措施，也是目前使用最广泛的一种网络安全防护技术。防火墙通常安置在内部网络和外部网络之间，以抵挡外部入侵和防止内部信息泄密。防火墙是一种综合性的技术，涉及计算机网络技术、密码技术、安全协议、安全操作系统等多个方面。防火墙的主要作用为过滤进出网络的数据包、管理进出网络的访问行为、封堵某些禁止的访问行为、记录通过防火墙的信息内容和活动、对网络攻击进行检测和警告等。

简单的防火墙可以用路由器来实现，复杂的防火墙需要用主机甚至一个子网来实现。防火墙技术主要有两种：数据包过滤技术和代理服务技术。

1. 数据包过滤技术

数据包过滤技术是在 IP 层实现的，主要根据 IP 数据包里的 IP 地址、协议、端口号等信息进行过滤。网络管理员先根据访问控制策略建立访问控制规则，然后防火墙的过滤模块会根据规则决定是否允许数据包通过。数据包过滤技术的优点是速度快和易于实现，缺点是只能提供较低水平的安全防护，无法控制高级的网络入侵行为。

2. 代理服务技术

所谓代理服务，实际上就是运行在防火墙主机上的一些特殊的应用程序或者服务器程序。这些代理程序在应用层工作，可以对 HTTP、FTP、TELNET 等数据流进行控制。外部计算机在访问内部网络时，将访问请求发给防火墙主机上的代理程序，由其在验证请求的合法性后，再转发给内部网络的计算机。代理服务程序可以对应用层的数据进行分析、注册登记、形成报告，在发现被攻击迹象时会向网络管理员发出报警信号，并保留攻击痕迹。与数据包过滤技术相比，代理服务技术更能保证信息的安全性。

（二）入侵检测技术

入侵检测技术是一种进行主动保护，以使自己免受攻击的安全技术，它通过对入侵行为的过程与特征的研究，对入侵事件和入侵过程作出实时响应。由于入侵特征往往到应用层才能体现出来，在应用层以下判定入侵行为有一定的困难。

目前有两种主要的入侵检测技术：基于特征的检测（误用检测）和基

于行为的检测（异常检测）。基于特征的检测技术假定所有的入侵模式均可以提取出唯一的模式特征，从而建立入侵模式特征库，在此基础上用特征匹配的方法进行检测。基于行为的检测技术则假定所有的正常行为和入侵行为均有统计意义上的差异，从而可以利用统计学的原理进行检测。

从实现方式上来看，入侵检测系统一般分为两种：即基于主机的入侵检测系统和基于网络的入侵检测系统。基于主机的入侵检测系统用于保护关键应用的服务器，并对典型应用进行监视。基于网络的入侵检测系统保护的是整个网络，对本网段中传输的各种数据包进行实时的网络监视。入侵检测系统的通常配置为分布式模式，在需要监视的服务器上安装代理模块，在需要监视的网络路径上放置监视模块，二者分别向管理服务器报告及上传原始监控数据。

（三）病毒防护技术

计算机病毒及恶意代码是威胁计算机信息系统安全的重要因素之一。为了防止计算机遭受计算机病毒的侵害，国内外许多企业均开发了反病毒软件。

检测病毒的主要方法是特征码及行为分析法。特征码是指某种病毒或恶意代码的唯一特征，只要某些代码具有病毒的特征就可以判定其为病毒。但变形病毒每传播一次就会改变其特征，导致基于特征码的检测方法失效，这时就要利用行为分析法。行为分析法通过判断代码是否有破坏信息系统的行为，来判定该代码是否为病毒。某段代码如果有修改可执行文件、修改引导扇区等行为，就很有可能是病毒。

早期的病毒主要通过存储介质（软磁盘、移动硬盘等）传播，如今的病毒主要通过网络传播。因此，为了有效防止病毒通过网络传播，可以将病毒检测技术和防火墙结合起来，构成病毒检测防火墙，监视由外部网络进入内部网络的文件和数据。一旦发现病毒，就将其过滤掉。国内目前的主要杀毒软件均实现了与防火墙的集成。

（四）数据加密技术

密码技术主要研究数据的加密、解密及其应用。密码技术是确保计算机网络安全的重要机制，是信息安全的基石。由于技术和管理的复杂性，目前数据加密技术只在一些重要的交易（如网银交易、购物交易、证券交易等）中使用。随着人们对隐私保护等方面问题的逐渐重视，数据加密技术必将得到普及。

数据加密技术主要有两种：单密钥体制和双密钥体制。

1．单密钥体制

单密钥体制也称传统密码体制，其加密密钥和解密密钥相同，或可以互相推断出来。例如，美国国际商业机器公司（简称"IBM"）提出的DES（数据加密算法，是一种对称加密算法）、国际数据加密算法（IDEA）以及目前推荐使用的高级加密标准（AES），都是典型的单密钥体制的密码算法。这类算法的运行速度快，适合对大量数据进行加密或者解密。

2．双密钥体制

双密钥体制也称为公开密钥加密体制。双密钥体制的密码算法需要一对密钥，即公钥和私钥。公钥用于加密，私钥用于解密。典型的算法有美国麻省理工学院发明的RSA（一种非对称加密算法）。双密钥体制的密码算法的运行速度比较慢，适合对少量数据进行加密或者解密，主要应用于密钥分配和数字签名。

（五）认证技术

信息安全认证主要包括身份认证和信息认证。身份认证是指验证信息发送者的真实身份；信息认证是指验证信息的完整性，即验证信息在传送或者存储过程中是否被篡改、重放或延迟等。

常用的身份认证方式主要有两种：一种是使用通行字进行身份认证，另一种是使用持证进行身份认证。对于通行字认证方式，计算机存储的是通行字的单项函数值而不是通行字。计算机不再存储每个人的有效通行字表，所以即便有人侵入计算机，他们也无法从通行字的单向函数值表中获得通行字。持证是一种个人持有物，它的作用类似于钥匙。网络上的身份认证主要采用基于密码的认证技术，目前以基于公钥证书的认证方式为主。

数字签名是实现信息认证的主要技术。数字签名算法主要包括两种，即签名算法和验证算法。签名者能使用签名算法签署一个消息，所得的签名能通过一个公开的验证算法来验证。目前的数字签名算法有 RSA 算法（第一个能同时用于加密和数字签名的算法）等。

（六）"蜜罐"技术

"蜜罐"本质上是一种对攻击方进行欺骗的技术。该技术使用了试图将攻击者从关键系统引诱开的诱骗系统，也就是在内部系统中设立一些陷阱，用一些主机去模拟一部分业务主机甚至模拟一个业务网络，给入侵者造成假象。这些系统充满了看起来很有用的信息，但是这些信息实际上是捏造的，正常用户是不访问的。因此，当检测到有用户对"蜜罐"进行访问时，就意味着很可能有攻击者闯入。"蜜罐"上的监控器和事件日志器可以检测到这些未经授权的访问并收集攻击者活动的相关信息。"蜜罐"的另一个目的就是拖延攻击者的攻击时间，延缓其对真正目标的攻击。

第四节　计算机系统安全级别

为实现对计算机系统安全性的定性评价，美国国家计算机安全中心提出了计算机系统安全性标准，即《可信任计算机标准》（以下简称《标准》）。为使系统免受攻击，《标准》提出对硬件、软件和存储的信息应实施不同的安全保护，并对应不同的安全级别。安全级别对不同类型的物理安全、用户身份验证、操作系统软件的可信任性和用户应用程序进行了安全描述，《标准》限制了可以连接到系统的系统类型。

（一）D1 级：酌情安全保护

D1 级是最低的安全保护等级。拥有这个级别的操作系统就像一个门户大开的房子，任何人都可以自由进出，因而是完全不可信的。对硬件来说，若没有任何保护措施，操作系统就容易受到损害；没有系统访问限制和数据访问限制，意味着任何人不需任何账户就可以进入系统，且不受任何限制就可以访问他人的数据文件。属于这个级别的操作系统有：MS-DOS、Windows 98 等操作系统。这些操作系统不区分用户，用户可以任意访问计算机硬盘上的信息，而且没有任何控制措施。

（二）C1 级：自选安全保护

C 级有两个安全子级别，即 C1 和 C2。C1 级又称选择性安全保护系统，它描述了一种典型的可以用在 UNIX 系统上的安全级别。这种级别的系统对硬件有某种程度的保护，但硬件受到损害的可能性仍然存在。用户拥有注册账号和口令，系统通过账号和口令来识别用户是否合法，并决定用户对程序和信息拥有什么样的访问权。

这种访问权是指对文件和目录的访问权。文件的拥有者和超级用户可以改动文件中的访问属性，从而对不同的用户给予不同的访问权。例如，对文件和目录，让文件拥有者有读、写和执行的权力，给同组用户以读和执行的权力，而只给其他用户以读的权力。

（三）C2 级：访问控制保护

除了具有 C1 级所包含的特征外，C2 级还包含访问控制环境。该环境不但具有进一步限制用户执行某些命令或访问某些文件的权限，而且加入了身份验证级别。另外，系统会对发生的事件加以审计，并写入日志，如什么时候开机，哪个用户在什么时候从哪里登录等，这样系统拥有者（实际拥有系统操作权限的用户）通过查看日志，就可以发现入侵的痕迹。如果发现系统有多次登录失败的痕迹，就可以大致推测出可能有人想强行闯入系统。

能够达到 C2 级的常见的操作系统有 UNIX 系统、XENIX、Linux、Novell 3.x 或更高版本、Windows NT、Windows 2000 和 Windows XP。

（四）B1 级：标志安全保护

B 级中有三个子级别：B1 级、B2 级和 B3 级。B1 级即标志安全保护，是支持多级安全（例如秘密和绝密）的第一个级别，这个级别说明对于一个处于强制性访问控制之下的对象，系统不允许文件的拥有者改变其许可权限。

拥有 B1 级安全措施的计算机系统，随操作系统而定。政府机构和防御系统承包商是 B1 级计算机系统的主要使用者。

（五）B2 级：结构保护

B2 级要求计算机系统中所有的对象都加上标签，而且给设备（磁盘、磁带和终端）分配了单个或多个安全级别。这是第一个允许较高安全级别的对象与另一个较低安全级别的对象相互通信的计算机安全级别。

（六）B3 级：安全区域保护

它使用安装硬件的方式来加强对安全区域的保护。例如，内存管理硬件用于保护安全区域免遭无授权访问或者其他安全区域对象的修改。该级别要求用户通过一条可信任的途径连接到系统上。

（七）A 级：核实保护

A 级是当前最高的计算机系统安全级别，包括一个严格的设计、控制和验证过程。与前面提到的各级别一样，这一级别包含了较低级别的所有特性。其设计必须是从数学角度上经过验证的，而且必须进行了秘密通道和可信任分布的分析。可信任分布的含义是，硬件和软件在物理传输过程中已经受到保护，以防止安全系统遭到破坏。

第五节　计算机信息系统的安全对策

计算机信息安全的实质就是安全立法、安全管理和安全技术的综合实施。包含这三个层次的计算机信息系统的安全对策体现了安全策略的限制、监视和保障职能。我们要遵循安全对策的一般原则，采取具体的技术措施。

一、信息安全对策的一般原则

（一）综合平衡代价原则

任何计算机系统的安全问题都要根据系统的实际情况，包括系统的任务、功能、各环节的工作状况、系统需求和消除风险的代价，进行定性和定量相结合的分析，找出薄弱环节，制定规范化的具体措施。这些措施往往是需求、风险和代价综合平衡、相互折中的结果。

（二）整体综合分析与分级授权原则

整体综合分析与分级授权原则是指，要用系统工程的观点进行综合分析。任何计算机系统都包括人员、设备、软件、数据、网络和运行等环节，只有从系统整体的角度去分析这些环节在系统安全中的地位、作用及影响，才能得出有效可行、合理恰当的结论。而且由于不同方案、不同安全措施的代价和效果不同，需要对可采用的多种措施进行综合研究，同时必须对业务系统中的每种应用和资源的使用权限进行明确规定，从而通过物理管理和技术管理有效地阻止一切越权行为。

（三）方便用户原则

保护计算机系统安全的许多措施都需要由人去完成。如果措施过于复杂，则会导致完成安全保密操作规程的要求过高，反而降低了系统的安全性。例如，如果密钥位数过多，记忆难度加大，则会带来许多问题。

（四）灵活适应性原则

计算机系统的安全措施要留有余地，要能够比较容易地适应系统的变化。因为种种原因，系统需求、系统面临的风险一直都在变化，安全保密措施一定要考虑出现危险情况时的应急措施、隔离措施、快速恢复措施，以限制事态的发展。

（五）可评估性原则

计算机安全措施的实施效果应该能够预先评价，并有相应的安全保密评价规范和准则。

二、计算机信息安全的三个层次

（一）安全立法

法律是指规范人们的一般社会行为的准则。它从形式上可以分为宪法、法律、法规、法令、条令、条例、实施办法和实施细则等多种形式。有关计算机系统的法律、法规和条例在内容上大体可以分成两类，即社会规范和技术规范。

1．社会规范

社会规范是指调整信息活动中人与人之间社会关系的行为准则。要结合专门的保护要求来定义合法的信息实践，并保护合法的信息实践活动。不正当的信息活动要受到民法和刑法的限制或惩处。

2．技术规范

技术规范是指调整人和物、人和自然界之间关系的准则。其内容十分广泛，包括各种技术标准和规程，如计算机安全标准、网络安全标准、操作系统安全标准、数据和信息安全标准、电磁泄漏安全极限标准等。这些法律和技术标准是保证计算机系统安全的依据。

（二）安全管理

安全管理是第二个层次，主要是指一般的行政管理措施，即介于社会规范和技术规范之间的所属组织单位范围内的措施。

信息安全管理体系是指在整体或特定范围内确立信息安全的方针和目标，以及完成这些目标所用方法的体系。建立信息安全管理体系需要我们全面考虑各种因素，包括人为的、技术的、制度的和操作规范的，并将这些因素综合起来进行考虑。

建立信息安全管理体系，通过对组织的业务过程进行分析，能够比较全面地识别各种影响业务连续性的风险，并通过对管理系统自身（含技术系统）的运行状态的科学评价和持续改进，达到一个既定的目标。

（三）安全技术

安全技术措施是计算机系统安全的重要保证，也是整个系统安全的物质技术基础。实施安全技术，不仅涉及计算机和外部、外围设备，即通信和网络系统实体，还涉及数据安全、软件安全、网络安全、数据库安全、运行安全、防病毒技术、站点安全，以及系统的结构、工艺和保密、压缩技术。安全技术措施应落实到系统开发的各个阶段，比如从系统规划、系统分析、系统设计、系统实施、系统评价到系统的运行、维护及管理。计算机系统的安全技术措施是系统的有机组成部分，要和其他部分内容一样，以系统工程的思想、系统分析的方法，对系统的安全需求、所面临的威胁和风险、可能需要付出的代价进行综合分析，从整体上进行综合考虑和最优考虑，采取相应的标准与对策，只有这样才能建立一个有一定安全保障的计算机信息系统。

第二章 计算机网络技术

第一节 计算机软件安全技术

一、计算机软件安全概述

（一）计算机软件安全涉及的范围

1. 软件本身的安全保密

软件本身的安全保密是指保护软件本身的完整性，即保证操作系统软件、数据库管理软件、网络软件、应用软件及相关资料的完整和私密，包括软件开发规程、软件安全保密测试、软件的修复与复制、口令加密与限制技术以及防动态跟踪技术等。

2. 数据的安全保密

数据的安全保密主要是靠计算机软件实现的，即利用计算机软件保证系统拥有的和产生的数据信息的完整、有效、使用合法、不被破坏或泄露，包括输入、输出、识别用户、存储控制、审计与追踪、备份与恢复等。

3. 系统运行的安全保密

许多问题都涉及软件，如系统资源和信息使用，包括电源、环境、人事、机房管理、出入控制、数据与介质的管理体制和运行管理等。

（二）计算机软件安全技术措施

影响计算机软件安全的因素很多，认真分析这些因素之后就会发现，要建立一个绝对安全保密的信息系统是不可能的。复杂的网络环境中存在各种威胁，如非法破译他人信息、各类计算机犯罪、病毒入侵等，防不胜防。那么，如何确保计算机软件的安全保密呢？必须采取两个方面的措施：一是非技术性措施，如制定有关法律、法规，加强各方面的管理；二是技术性措施，如系统软件的安全保密措施、通信网络的安全保密措施、数据库管理系统的安全保密措施、软件的安全保密措施（如采用各种防拷贝加密技术、防静态分析技术以及防动态跟踪技术）等。

（三）软件的本质和特征

计算机系统分为硬件系统和软件系统两部分，即计算机硬件和软件。所谓计算机硬件是指看得见、摸得着的物理实体，它们是软件安全的物质技术基础；而计算机软件则是支配计算机硬件进行工作的"灵魂"，如系统软件和应用软件等。本节着重分析计算机软件。

从软件安全技术的角度出发，软件具有两重性，即软件具有巨大的使用价值和潜在的破坏性能量。对软件的本质和特征可进行如下描述：

1. 软件是用户使用计算机的工具；

2. 软件是将特定装置转换成逻辑装置的手段；

3. 软件是计算机系统的一种资源；

4. 软件是信息传输和交流的工具；

5. 软件是知识产品，奠定了知识产业的基础，已成为现代社会的一种商品形式；

6. 软件是人类社会的财富，是现代社会进步和发展的一种标志；

7. 软件是具有巨大威慑力量的武器，是将人类智慧转换成破坏性力量的放大器；

8. 软件可以存储、进入多种媒体；

9. 软件可以移植，包括在相同和不相同的机器上的软件移植；

10. 软件可以非法入侵载体；

11. 软件可以非法入侵计算机系统；

12. 软件具有寄生性，可以潜伏在载体或计算机系统中，从而构成在合法操作或合法文件名义下的非授权；

13. 软件具有再生性，在信息传输过程中或共享系统资源的环境下存在非线性增长模式；

14. 软件具有可激发性，可以接受一定条件（外部的或内部的）的刺激或者被激活；

15. 软件具有破坏性，一个人为设计的特定软件可以破坏指定的程序或数据文件，这种破坏足以造成计算机系统的瘫痪；

16. 软件具有攻击性，一个软件在运行过程中可以搜索并消灭对方的计算机程序，取而代之。

由以上分析可知，我们讨论的对象是广义的软件，既包括合法软件也包括非法软件。

软件不仅是工具、手段、知识产品，也是一种武器，存在潜在的、不安全的因素及破坏性，因此建立、掌握相应的软件安全技术是十分必要的。软件应满足的一般要求是适用范围广、可靠性高、安全保密性强、价格适当；而有特殊安全技术要求的软件，一般还应具备防拷贝、防静态分析、防动态跟踪等技术性能。

二、软件防拷贝技术

所谓防拷贝，指的是通过采取某种加密措施，使一般用户在利用正常的拷贝命令甚至使用各种拷贝软件的情况下都无法将软件完整复制，或者使复制的软件不能正常运行。防拷贝技术是软件加密的核心技术，因为防止软件非法扩散是软件加密的最终目的，而只有软件具有了防拷贝措施，才能阻止这种非法扩散。

（一）软盘加密

软盘加密曾是使用最广泛的一种加密方法。人们在运行程序时，在程序的提示下将加密盘插入软盘驱动器，待软件确认其是正确的盘后才会继续运行。加密盘是购买软件时获得的，它是一种做了特殊记号的软盘，只有相应的软件才能识别这个标记。这个标记不能用一般的 COPY 或 DISKCOPY 命令被复制下来，它起到了类似人的"指纹"的作用。这种加密方法最关键的一步就是制造出这种标记，这种技术也称为反拷贝技术。

除了要制造出反拷贝的标记，程序中还必须有验证这个标记的代码。一旦这段代码被解密者发现，程序就很容易被破解。因此，必须采取一些编程技巧来阻止他人找到这段代码。这就是所谓的反跟踪技术，它与反拷贝技术有同等重要的地位。

使用软盘加密方法的最大优点就是有了"防拷贝"的硬件介质——钥匙盘。因为使用钥匙盘输入密码，既隐蔽又方便了用户，而且加密者在软盘中可以储存较多的信息，包括程序的代码或数据。这样就可以使那些没有钥匙盘的用户无法破译程序。在使用过程中，人们也发现了使用软盘加密的一些缺陷，例如兼容性问题。

由于反拷贝技术或多或少地采用了与标准操作不同的措施，很容易产生不兼容的情况，用户很难准确地买到能在自己的机器上正常进行的软件。另外一个重要的问题则是使用寿命问题，它主要取决于钥匙盘的寿命。由于每次启动软件都要读取软盘，而且读取的位置往往又集中在某一磁道上，很容易磨损软盘。同时，钥匙盘又妨碍了用户的备份工作，所以用户使用起来未免有些"提心吊胆"。

（二）"软件锁"加密

"软件锁"（也称"软件狗"）是一种插在计算机并行口或 USB 口上的软硬件结合的软件加密产品，被多数软件开发商采用。"软件锁"一般都有几十或几百字节的非易失性存储空间可供读写，现在较新的"软件锁"内部还包含单片机。它对计算机通过并行口发来的信息进行响应和处理。应用软件通过识别它或利用它进行一些数据变换，来达到保护软件的目的。软件开发者可以通过接口函数和"软件锁"进行数据交换（即对"软件锁"进行读写），检查"软件锁"是否插在并行口上；或者直接用"软件锁"附带的工具来加密自己的 EXE 文件（俗称"加壳"）。这样一来，如果没插"软件锁"或"软件锁"不对应，软件就不能正常运行。

与磁盘加密相比，这种加密方法有以下优点。

1．速度快，适宜多次查询

软件可以多次或定时地查询"软件锁"，而磁盘加密通常只在进入程序时查询一次加密盘。

2．使用方便

使用时没有明显动作，用户完全察觉不到它的存在，这给用户带来了极大的方便。

3．使用寿命长

在正常使用的情况下，不必担心"软件锁"像加密盘一样容易出错，用户可以随意备份其他系统软盘，不需要担心磁盘寿命。

4．兼容性较好

由于"软件锁"与主机的通信遵从并行口的标准，一般没有兼容性方面的问题。而磁盘加密通常要使用一些非标准或不稳定的东西，所以经常出现可靠性和兼容性问题。"软件锁"弥补了磁盘加密的很多缺陷，得到了越来越广泛的应用。但它本身也有一定的缺陷，由于每种软件都有各自的"软件锁"，若要同时使用它们就必须在并行口上串接多个"软件锁"，这会使用户感觉使用起来很麻烦。而且，由于各种"软件锁"之间的电路各不相同，很有可能造成彼此不兼容的情况。

（三）授权文件加密技术

在互联网上发布、出售软件，方便快速。但怎样保护软件不被非授权用户使用，不被盗版者解密，从而保护软件开发商的利益呢？授权文件加密方案是一种最佳的选择。

采用该技术加密的软件在第一次运行时，会根据计算机硬件参数给出该软件的硬件特征的机器号文件，用户需要用电子邮件将这一文件寄给软件提供商或开发商，软件提供商或开发商则利用注册机（软件）产生该软件的授权文件并寄给用户，用户把授权文件拷贝到计算机上即可。

该技术具有两大优点。第一，机器不同，授权文件也不同。用户获得一个授权文件后只能在一台机器上注册并使用软件。用户可以更换计算机操作系统，但只要不变更计算机，该授权文件就仍能使用。第二，不需要任何硬件或软盘，使用起来方便、可靠。可以让软件在未被注册前作为演示软件存在，但只能运行一段时间或展示部分功能，注册后立即变为正式软件。

三、静态分析技术

静态分析技术是指通过发现源代码中的安全漏洞来防止入侵或攻击的技术。所谓静态分析，即从反汇编出来的程序清单上进行分析，具体可从以下两个方面入手。

第一，从软件使用说明和操作中分析软件。想要破解一款软件，首先应该使用这款软件，了解该软件的功能是否有限制，最好阅读一下软件的说明手册，特别是自己关心的关键部分的使用说明，这样也许能够找到线索。

第二，从提示信息入手进行分析。目前，大多数软件在被设计时，都采用了人机对话方式。所谓人机对话，即在软件运行过程中，在需要用户选择的地方，软件会显示相应的提示信息，并等待用户按键选择。而在执行完某一段程序之后，便显示一串提示信息，以反映该段程序运行后的状态（是正常运行还是出现错误），或者显示提示用户进行下一步工作的帮助信息。

基于以上两个方面的分析，对静态反汇编出来的程序清单进行阅读后，用户就可以了解软件的编程思路，从而顺利破解程序。

（一）常用的静态分析工具

常用的静态分析工具有 W32Dasm、IDA Pro 和 HIEW 等。

1．W32Dasm

W32Dasm 是一个静态反汇编工具，它可以对程序进行反汇编操作，而且对 WinAPI 有良好的支持，反汇编出的代码可读性非常强，可以记录程序静态代码。

2．IDA Pro

交互式反汇编器（专业版），人们常称其为 "IDA Pro"，或简称为 "IDA"。运行 IDA 时，可最先注意到它的界面比 W32Dasm 更加专业，而且有比 W32Dasm 更多的选项或更先进的地方。它的优点如下：

（1）能够对 W32Dasm 无法反汇编的软件进行反汇编（如加壳程序）；

（2）能够以 ".asm" ".sym" 甚至是 ".exe" 的形式及其他文件形式进行保存；

（3）压缩的静态汇编，可以节省大量的磁盘空间；

（4）可以重命名函数；

（5）能够分析巨大的程序；

（6）可以更好地反汇编和进行更深层的分析。

它的缺点是使用起来比较困难，且速度慢。

3．HIEW

HIEW 是一款优秀的十六进制编辑器，它可以对应用程序进行反汇编，而且同时支持对可执行文件的十六进制代码及汇编语言代码进行修改，使用起来非常方便。HIEW 是传统的 DOS 界面，其操作多由功能组合键完成，可用 F1 功能键查看帮助信息。

（二）防静态分析方法

防静态分析就是指对抗反编译程序，使其不能或很难对我们的软件进行反编译；即使反编译成功，也要使破解者无法读懂代码。防静态分析的方法如下。

1．对可执行程序进行加壳 / 压缩

在软件最终发行之前，将可执行程序进行加壳 / 压缩，使解密者无法直接修改程序。"壳"是指一段专门负责保护软件不被非法修改或反编译的程序。它们一般先于系统程序运行，能拿到控制权，然后完成它们保护软件的任务。解密者在跟踪经过加壳的软件时，会无法看到其真实的十六进制代码，这就可以起到保护软件的作用。

有许多加壳 / 压缩程序为了阻止非法跟踪和阅读，对执行代码的大部分内容进行了加密变换，只有很短的一段程序是明文。加密程序在运行时，采用了逐块解密、逐块执行的方法，先运行最初的一段明文程序。该程序在运行过程中，不但要完成阻止跟踪的任务，还要负责对下一块密文进行解密。若仅对该软件的密码部分进行反汇编，不对该软件进行动态跟踪分析，是根本不可能完成解密的。

2．添加花指令

用花指令来对付静态反汇编是很有效的，这会使解密者无法一眼看到全部指令，杜绝了先把程序打印下来再慢慢分析的可能。

"花指令"就是在指令流中插入很多"垃圾"，每一条指令的长度是不等的，假使有一条指令为三字节长，那么当从它的第二个字节开始反汇编时，就会看到一条"面目全非"的指令。

3．添加干扰代码

添加干扰代码就是在关键部位添加 nop、cmp 等跳转指令以及一些没返回的循环等。插入这些大量、无用的运算以误导解密者，可以防止静态反汇编，增加破解者进行动态汇编的操作难度。

4．在各处设条件转移

设条件转移没有循环，只是跳转，作为有条件的路障。这样一来，就没有简单的反向操作可以执行。

第二节　信息隐藏技术

现在，多媒体计算机、个人移动通信技术已经相当普及，以互联网为标志的网络化浪潮更是席卷全球，人们获取信息和交流信息越来越方便。由于数字化信息能够通过多种形式在网络上迅速、便捷地传输，政府、企业及个人逐渐把网络作为主要的通信手段，将大量的重要文件和个人信息以数字化的形式进行存储和传输。在这种情况下，如何应对日益突出的网络信息安全问题变得越来越重要。

另外，随着网络多媒体技术的发展，信息已经不局限于文本，还包括图形、图像和视频等多种格式，需要认证和保护版权的声像数据也越来越多。军事领域也需要将一些重要的信息和情报隐藏起来。因此，信息隐藏技术越来越受到重视。本章主要介绍信息隐藏技术的概念、特点和分类方法等内容，并重点介绍了信息隐藏中的数字水印技术。

一、信息隐藏技术简介

（一）信息隐藏技术的概念

信息隐藏，也称为数据隐藏，是指将需要保密的信息（一般称为签字信号）嵌入一个非机密信息（一般称为主信号或掩护媒体）的过程，使它在外观形式上是一个含有普通内容的信息。具体来说，信息隐藏是利用加密技术或电磁的、光学的、热学的技术措施，改变信息的原有特征，从而降低或消除信息的可探测和被攻击的特征。为达到信息的"隐真"，还可以通过模拟其他信息的可探测和被攻击的特征，防止假信息以"示假"。

信息隐藏的嵌入需要满足下列条件。

1. 签字信号的不可感知性

是指签字信号被嵌入后，主信号的感知特性没有明显的改变，签字信号被主信号"隐藏"起来了。

2．签字信号的鲁棒性 ①

签字信号对主信号的各种失真变换，如失真信号压缩、加噪、A/D 或 D/A 转换等都应体现出一定的鲁棒性。除非主信号的感知特性被明显破坏，否则签字信号很难被去除。

一般来讲，签字信号的嵌入不增加主信号的存储空间和传输带宽。换句话说，嵌入签字信号后，人们从表面上很难觉察到信息的改变。

信息隐藏技术不同于传统的加密技术，两者的设计思路完全不同。密码仅隐藏信息的内容，但是对于非授权者来讲，虽然他无法获知具体内容，却能意识到保密信息的存在。而信息隐藏则致力于通过设计精妙的方法，使非授权者根本无法得知保密信息存在与否，即不但隐藏了信息的内容，而且隐藏了信息的存在。信息隐藏的最大优势在于它并不限制对主信号的存取和访问，而是致力于保证签字信号的安全保密性。

在我们使用的媒体中，可以用来隐藏信息的形式有很多。数字化信息中的任何一种数字媒体如图像、音频、视频或一般文档，都可以实施信息隐藏。

（二）信息隐藏技术的特点

根据信息隐藏的目的和要求，信息隐藏技术主要具备六个特征。

1．隐蔽性

隐蔽是信息隐藏的基本要求，指信息经过一系列的隐藏处理手段，无法让人看见或听见。

2．安全性

信息隐藏的安全性表现在两个方面：一是能够承受一定程度的人为攻击，使隐藏的信息不会被破坏；二是将想要隐藏的信息藏在目标信息的

---

① 所谓"鲁棒性"，是指控制系统在一定（结构、大小）的参数摄动下，维持其他某些性能的特性。计算机软件在输入错误、磁盘故障、网络过载或有意攻击的情况下，能否不死机、不崩溃，就是该软件的鲁棒性。

内容之中，防止信息因格式变换而遭到破坏。

3．免疫性

免疫性即经过隐藏处理后的信息不至于因传输过程中的信息噪声、过滤操作而丢失。

4．编码纠错性

编码纠错性指隐藏数据的完整性在经过各种操作和变换后仍能很好地恢复。

5．稳定性

稳定性指在进行信息加密隐藏时，信息编码应考虑其变化的可能性，尽可能地保持代码系统的稳定性。

6．适应性

信息隐藏的适应性体现在两个方面：一方面是指在进行信息隐蔽时，隐蔽载体应与原始载体信息的特性相适应，使非法拦截者无法判断是否有隐蔽信息；另一方面是指在进行信息加密时，代码设计应便于修改，以适应可能出现的新变化。

（三）信息隐藏技术的发展

信息隐藏技术在古代的时候就已存在。比如，在古希腊战争中，为了安全传送军事情报，奴隶主剃光奴隶的头发，将秘密情报写在奴隶的头皮上，等头发长出后再把奴隶派出去传送消息。我国古代也有藏头诗、藏尾诗以及绘画等形式，即将要表达的意思和"密语"隐藏在特定位置，使外人难以注意或破解。当前，信息隐藏的方法已不同于传统的技术方法，必须考虑正常的信息操作造成的威胁，使机密资料对正常的数据操作技术具有免疫能力，进而使第三者很难从隐秘载体中得到、删除甚至发现秘密信息。

1994 年，在 IEEE 图像处理国际会议上，"数字水印"的概念第一次被明确提出，从此掀起了现代信息隐藏技术研究的高潮。1996 年，在 IEEE 图像处理国际会议上出现了以信息隐藏领域中的水印技术、版权保护和多媒体服务的存取控制为主要内容的研讨专题。同年，又在英国召开了第一届信息隐藏国际研讨会，讨论内容涉及数据隐藏、保密通信、密码学等多个相关学科领域。在美国，许多著名大学和大公司的研究机构一直都在研究信息隐藏技术，并且已经取得了大量的研究成果。与此同时，大量的数字水印应用软件和实用工具也进入了市场。总之，信息隐藏是一门不断发展的学科，许多新的分支和技术仍在不断涌现。

（四）信息隐藏的关键技术

与密码屡遭攻击的情况类似，隐藏信息也会遭到各种恶意攻击。攻击者会从检测隐藏信息、提取隐藏信息和破坏隐蔽信息三个方面入手展开恶意攻击。

信息隐藏技术的关键在于如何处理签字信号（即隐藏信息）的鲁棒性、不可感知性以及嵌入的数据量三者之间的关系。

衡量信息隐藏算法性能优劣的一般准则为：对于主信号的部分失真，签字信号是否具备一定的鲁棒性；对于有意或无意的窃取、干扰或去除操作，签字信号是否具备一定的"抵抗"能力，从而保证隐藏信息的安全可靠性和完整性；签字信号的嵌入是否严重降低了主信号的感知效果；数据嵌入量的大小。

对一个特定的信息隐藏算法来说，它不可能同时在上述的衡量准则中达到最优。

显然，数据的嵌入量越大，签字信号对原始主信号感知效果的影响就会越大；而签字信号的鲁棒性越好，其不可感知性也会随之降低，反之亦然。信息隐藏的应用领域十分广泛，不同的应用背景对其技术要求也不尽相同，因此有必要从不同的应用背景出发，对信息隐藏技术进行分类，进而研究它们的技术需求。

（五）信息隐藏技术的分类

信息隐藏技术包含多个学科，应用于多个领域，有多种分类方法。

1. 根据处理对象不同进行分类

一般来说，按照处理对象的不同，信息隐藏技术可以分为叠像技术、数字水印技术和替声技术三种。

（1）叠像技术

叠像技术是指产生 n 张不同含义的胶片（或称伪装图像），任取其中几张胶片叠合在一起，即可还原隐藏在其中的秘密信息的一种方法。

如果你需要通过互联网向朋友发一份文本，采用叠像技术把它隐藏在几张风景画中，就可以安全地进行传送了。之所以在信息传递过程中采用叠像技术，是因为该项技术在恢复秘密图像时不需要任何复杂的密码学计算，正常的解密过程相对于非法的窃密过程要简单得多，人的视觉系统完全可以直接将秘密图像辨认出来。

叠像技术是一门技巧性学问，目前正在向实用化方向发展。

（2）数字水印技术

数字水印技术将版权信息、认证信息等特殊信息以可见或者不可见的方式嵌入到多媒体载体中，主要起版权保护等作用。数字水印技术和隐写技术是信息隐藏技术的两大主要分支，两者在嵌入原理和基本模型方面有许多相似之处，但是在应用场景和性能侧重点等方面具有较大差异。相对而言，国家安全部门和军队安全部门等特殊部门对于隐写技术的应用需求更加迫切，而民用方面、商业领域对于数字水印技术的应用需求更加强烈。隐写技术重在隐藏秘密信息"正在传输"这一事实，因此更加注重算法的不可检测性；数字水印技术重在保护被嵌入数据的多媒体信息，因此更加注重算法的鲁棒性。一般而言，隐写技术中待嵌入信息与被嵌入的多媒体载体没有关系，而数字水印技术中两者之间是有关系的，大多数情况下待嵌入信息是被嵌入载体的版权信息、认证信息等。例如，将图像所有者的版权信息以可见水印的方式嵌入到载体图像中，实现图像版权保护。此外，隐写技术一般是一对一的，发送者将含密载体发送给特定接收者，而数字水印技术一般是一对多的，多个接收方都可以通过提取水印验证发送者的版权信息。

（3）替声技术

替声技术与叠像技术很相似，该技术通过对声音信息的处理，使原来的对象和内容都发生改变，从而达到将真正的声音信息隐藏起来的目的。

替声技术可以用于制作安全电话，使用这种电话能对通信内容加以保密。

2．根据应用背景不同进行分类

根据应用背景的不同，可以将信息隐藏技术分为三类。

（1）版权保护

信息隐藏技术用于版权保护时，嵌入的签字信号被称作"数字水印"。数字水印通常分为"鲁棒型水印"和"脆弱型水印"两种，版权保护一般采用的是"鲁棒型水印技术"，而嵌入的签字信号则被称作"鲁棒型水印"。需要说明的是，通常说到"数字水印"时一般多指鲁棒型水印。鲁棒型水印需要嵌入的数据量最小，但对签字信号的安全性和鲁棒性的要求也最高，甚至十分苛刻。

鲁棒型数字水印是用于确认主信号的原作者或版权的合法拥有者的，因此必须能够实现对原始版权准确无误的标识。同时，面对用户或侵权者有意甚至是恶意的破坏，鲁棒型水印技术必须能够在主信号可能发生的各种失真变换中以及各种攻击下都能保持很高的抵抗能力。另外，鲁棒型水印的不可见性也要求很高，这样才能保证原始信号的感知效果不被破坏。

总之，如何设计一套完美的数字水印算法以实现对版权的真正实用的保护，是信息隐藏技术研究中最具挑战性也最具吸引力的课题。

（2）数据完整性鉴定

数据完整性鉴定或数据篡改验证，是指对某一信号的真伪或完整性进行判断，并进一步指出该信号与原始真实信号的差别。通俗地说，假定接收到一个多媒体信号 g（图像、音频或视频信号），且初步判断它很可能是某一原始真实信号 f 的修改版本，那么数据完整性鉴定的任务就是在不知道原始信号 f 具体内容的情况下，尽最大的可能判断 g 是否等于 f。

一种具体的数据篡改验证方法要想达到实用的程度，需要满足以下要求：

① 提供对篡改后信号失真程度的度量方法；

② 尽最大的可能指出是否有某种形式的篡改操作发生；

③ 如果无从得知原始真实信号的内容或其他与真实信号内容相关的信息，那么通过该验证方法应该能判断可能发生的篡改操作的具体类别，如判别是滤波、压缩还是替代操作等；

④ 不需要维护和同步操作任何与原始信号相分离的其他附加数据，就能够恢复和重建原始真实信号。

数据篡改验证通常采用"脆弱型水印"技术。该水印技术通过在原始真实信号中嵌入某种标记信息，然后鉴别这些标记信息，来达到检验原始数据完整性的目的。在数据完整性鉴定和版权保护两种不同的应用领域，脆弱型水印与鲁棒型水印的要求也不相同。在实际使用中，脆弱型水印应随着主信号的变动而做出相应的改变，即体现出脆弱性。不过，脆弱型水印的脆弱性并不是绝对的。对于主信号的某些必要性操作（如修剪或压缩等），脆弱型水印也应体现出一定的鲁棒性，这样才能将一些不影响主信号最终可信度的操作与那些蓄意破坏的操作区分开来。另一方面，在不可见性和嵌入数据量的要求上，脆弱型水印与鲁棒型水印是近似的。

（3）扩充数据的嵌入

扩充数据包括对主信号的描述、参考信息、控制信息以及其他媒体信号。描述信息可以是特征定位信息、标题或内容注释信息，而控制信息的作用在于实现对主信号的存取控制和监测。例如，一方面可以授予不同所有权级别的用户以不同的存取权限，另一方面也可以通过嵌入"时间印章"信息来跟踪某一特定内容对象的创建、使用以及修改的历史。这样，通过信息隐藏技术便可以记录这一对象的使用和操作历史等信息，而无须在原始信号上附加头文件或历史文件。

相对于数字水印来讲，扩充数据的嵌入需要更大的数据隐藏量，这对签字信号的不可见性提出了挑战。另外，扩充数据嵌入技术也应具备一定的鲁棒性，这样才能抵抗一些针对主信号的尺度变换、剪切或对比度增强等操作，特别是失真编码。

根据隐藏数据的嵌入方法不同，信息隐藏技术可以分为变换域嵌入和空域嵌入两类。另外，根据检测过程中是否需要无隐藏数据的原始主信号，信息隐藏技术可以分为盲提取和非盲提取两类。由于信息隐藏技术中数据的嵌入与数据的检测或提取之间存在着天然的依赖关系，数据恢复的可能性是设计嵌入算法时必须考虑的一个因素。如果在数据检测时没有嵌入签字信号的原始主信号是已知的，那么只要设计的嵌入算法可逆，同时依赖一定的信号检测技术，在理论上就可以保证检测算法的成功。但是，如果该原始主信号是未知的，那么设计信息隐藏的检测或提取算法时就会相当复杂。在这种情况下，除了需要利用信号检测技术，还要利用信号估计和预测技术，以及巧妙的算法设计策略。因为盲提取信息隐藏技术更具有实用价值，所以其受到的关注也越来越多。

二、数字水印技术

信息隐藏技术作为一种新兴的信息安全技术，已经被应用到了许多领域。其中，数字水印作为在开放的网络环境下用于保护版权的一项新型技术，能够确立版权所有者、识别购买者或者提供关于数字内容的其他附加信息，并将这些信息以人眼不可见的形式嵌入数字图像、数字音频和视频序列，用于确认所有权和跟踪非法行为。此外，数字水印在证据篡改鉴定、数据的分级访问、数据的跟踪和检测、商业和视频广播、互联网数字媒体的服务付费以及电子商务的认证鉴定等方面也具有广阔的应用前景。

（一）数字水印技术的起源

数字水印技术的基本思想起源于古代的伪装术，或称密写术。古希腊的斯巴达人曾将军事情报刻在普通的木板上，然后再用石蜡填平。收信一方接到木板后，只要用火烤热木板、融化石蜡就可以看到密信。化学密写（一种保密的书写方法，即以特制的药剂在纸上书写文字，晾干后纸上看不出痕迹，需烘烤或以特制化学药剂涂抹，产生化学反应，使字迹重新显现）恐怕是使用最广泛的一类密写方法了，如牛奶、白矾、果汁等都曾充当过密写药水的角色。

人类早期使用的保密通信手段，大多数属于密写而不是密码。与密码技术相比，密写技术始终没有发展成为一门独立的学科，其中的主要原因是密写术缺乏必要的理论基础。

然而，今天的数字化技术为古老的密写术注入了新的活力。尤其是近年来信息隐藏技术理论框架研究的兴起，为密写术发展成为一门严谨的学科带来了希望。

（二）数字水印技术的概念

数字水印是一种通过一定的算法将一些标志性信息直接嵌入到多媒体内容当中，但不影响原内容的价值和使用，而且不能被人的知觉系统觉察或注意到，只有通过专用的检测器或阅读器才能被提取出来的技术。其中，嵌入到多媒体内容当中的水印信息可以是作者的序列号、公司标志、有特殊意义的文本，这些信息用来识别文件、图像或音乐制品的来源、版本、原作者、拥有者、发行人、合法使用人等，从而证明他们对数字产品的拥有权。与加密技术不同的是，数字水印技术并不能阻止盗版活动的发生，但是可以通过判别对象是否受到保护，并监视被保护数据的传播过程，来提供真伪鉴别服务，从而为解决版权纠纷提供证据。

理想的水印算法应该既能够隐藏大量数据，又能够抵抗各种信道噪声和信号变形。然而，在实际使用中，这两个指标不能同时实现，一般只能偏重其中一个。如果是为了隐蔽通信，那么数据量显然是最重要的指标。因为通信方式极为隐蔽，所以遭遇篡改、攻击的可能性很小，对鲁棒性的要求也就不是很高。但是，需要保证数据安全时则恰恰相反。此时，各种保密数据随时面临着被盗取和篡改的危险，所以鲁棒性是十分重要的指标，而对隐藏数据量的要求则居于次要地位。

一般数字水印的通用模型包括嵌入和检测（提取）两个阶段。在生成数字水印的阶段，制定嵌入算法方案的目标是在不可见性和鲁棒性之间找到一个较好的折中方案。在检测（提取）数字水印的阶段，制定验证（提取）算法方案的目标是设计一个相当于嵌入过程的检测（提取）算法，使错判与漏判的概率尽量减小。检测（提取）的结果可能是原水印，也可能是基于统计原理的检验（提取）结果，以此来判断水印存在与否。

为了给攻击者增加去除水印的难度，目前大多数水印制作方案在加入、提取时采用了密钥，只有掌握密钥的人才能读出水印。

（三）数字水印技术的分类

数字水印技术根据不同的维度有不同的划分方法。

1. 按数字水印所附载的媒体划分

按水印所附载的媒体的不同，数字水印可分为图像水印、音频水印、视频水印、文本水印以及用于三维网格模型的网格水印。

2. 按数字水印的特性划分

按水印的特性，数字水印分可为鲁棒型数字水印和脆弱型数字水印。鲁棒型数字水印主要用于数字作品的著作权信息的标识，它要求嵌入的水印能够经受住各种常用的编辑处理；脆弱型数字水印主要用于完整性保护，它必须对信号的改动很敏感，人们可以根据脆弱型水印的状态判断数据是否被篡改过。

3. 按数字水印的内容划分

按水印的内容，数字水印可以划分为有意义水印和无意义水印。有意义水印是指水印本身也是某个数字图像或数字音频片段的编码；无意义水印则只对应一个序列号。对于有意义水印，在受到攻击或其他原因致使解码后的水印破损，人们仍然可以通过视觉观察确认是否有水印。但对于无意义水印，如果解码后的水印序列有若干码元错误，人们就只能通过统计决策来确定信号中是否含有水印。

4．按数字水印的检测过程划分

按水印的检测过程，数字水印可以分为明文水印和盲水印。明文水印在检测过程中需要原始数据，而盲水印的检测只需要密钥，不需要原始数据。一般明文水印的鲁棒性比较强，但其应用受到存储成本的限制。

5．按数字水印隐藏的位置划分

按水印的隐藏位置，数字水印可以划分为时域数字水印、频域数字水印、时/频域数字水印和时间/尺度域数字水印。时域数字水印直接在信号空间上叠加水印信息，而频域数字水印、时/频域数字水印和时间/尺度域数字水印则分别在 DCT 变换域、时/频变换域和小波变换域上隐藏水印。随着数字水印技术的发展，各种水印算法层出不穷，水印的隐藏位置也不再局限于上述四种。实际上，只要构成一种信号变换，就有可能在其变换空间上隐藏水印。

数字水印技术是一种横跨信号处理、数字通信、密码学、计算机网络等多种学科的新兴技术。目前来说，数字水印技术作为一个技术体系而言尚不完善，虽然每个研究人员的介入角度各不相同，研究方法和设计策略也各不相同，但他们的研究都是围绕着实现数字水印的各种基本功能进行的。同时，随着该技术的推广和研究的深入，其他领域的先进技术和算法也被引入，从而使数字水印技术更加充实和完备。例如，在数字图像处理中的小波、分形理论，图像编码中的各种压缩算法，以及声视频编码技术等。

（四）数字水印技术的应用领域

1．数字作品的知识产权保护

版权标记水印是目前研究最多的一类数字水印技术。

因为对数字作品的拷贝、修改非常容易，而且可以做到与原作品完全相同，所以原创作者不得不采用一些严重损害作品质量的办法来加上版权标志，可是这种明显可见的标志很容易被篡改。

采用数字水印技术后，数字作品的所有者可以用密钥产生一个水印，并将其嵌入作品的原始数据中，然后公开发布其水印版本作品。当该作品被盗版或出现版权纠纷时，所有者即可从盗版作品或水印版作品中获取水印信号，并将其作为依据，从而保护自身权益。

2．商务交易中的票据防伪

随着高质量图像输入输出设备的发展，特别是高精度彩色喷墨、激光打印机和高精度彩色复印机的出现，货币、支票以及其他票据的伪造变得更加容易。因此，美国、日本以及荷兰开始研究用于票据防伪的数字水印技术。美国麻省理工学院媒体实验室受美国财政部委托，开始研究在彩色打印机、复印机输出的每幅图像中加入唯一的、不可见的数字水印，在需要时从扫描票据中判断水印的有无，从而达到快速识别真伪的目的。

此外，电子商务中会出现大量的过渡性的电子文件，如各种纸质票据的扫描图像。即使在网络安全技术成熟以后，各种电子票据仍然需要一些非密码的认证方式。数字水印技术可以为各种票据提供不可见的认证标志，从而大大增加了伪造的难度。

3．标题与注释

即将作品的标题、注释等内容以水印的形式嵌入到作品中，这种隐藏式注释不需要额外的带宽，而且不易丢失。

4．篡改提示

基于数字水印的篡改提示，通过隐藏水印的状态来判断声像信号是否已被篡改。为实现这个目的，通常将原始图像分成多个独立的数据块，再在每个独立的数据块中加入不同的水印。同时，可以通过检测每个数据块中的水印信号来确定作品的完整性。与其他水印不同的是，这类水印必须是脆弱的，并且检测水印信号时不需要原始数据。

5. 使用控制

这种应用的一个典型例子是 DVD 的加密防拷贝系统，即将水印信息加入 DVD 数据中，这样 DVD 播放机即可通过检测 DVD 数据中的水印信息来判断其合法性和可拷贝性，从而保护制造商的商业利益。

6. 隐蔽通信及其对抗

数字水印所依赖的信息隐藏技术提供了非密码的安全途径，可以实现网络情报战改革。网络情报战是信息战的重要组成部分，其核心内容是利用公用网络进行保密数据传送。经过加密的文件是混乱无序的，容易引起攻击者的注意。网络多媒体技术的广泛应用使利用公用网络进行保密通信有了新的思路，即利用数字化声像信号的各种信息进行隐藏，从而实现隐蔽通信。

总之，现代社会对信息的依赖性愈来愈强。包含数字水印技术在内的信息隐藏技术是一个崭新的研究领域，有许多尚未触及的研究课题。可以预见，随着信息技术的飞速发展，在未来的信息化斗争中，信息隐藏这一新兴技术必将成为克敌制胜的重要利器。

第三节 备份技术

给数据加上保险的方法就是备份，通过备份能有惊无险地把资料全部恢复过来。

一、备份技术概述

随着计算机技术、网络技术、信息技术的发展，越来越多的企业和个人使用计算机系统处理日常业务。一方面，计算机带给用户极大的便利；另一方面，计算机应用的不断普及也意味着用户对计算机系统中数据的依赖性大大增强。由使用不当或其他不可预见的原因引起的操作系统瘫痪、数据丢失问题，给用户带来了很大的烦恼。鉴于此，计算机用户掌握数据备份与数据恢复技术便显得尤为重要。事实上，人们在日常生活中都在不自觉地使用备份技术。比如，在将银行存折密码记在脑子里但又怕忘记时，就会将密码记在纸上；门钥匙、抽屉钥匙总要备两把或多把。简单地说，备份就是保留一套后备系统。这套后备系统或者与现有系统一模一样，或者能够替代现有系统的功能。

（一）数据失效与备份

随着网络的普及和信息量的爆炸性增长，数据量也呈几何级增长，数据失效的问题日趋严重。数据失效的原因大致有以下几种：计算机软硬件故障、人为操作故障及自然灾害等。其中，软件故障和人为因素是数据失效的主要原因。

根据数据被破坏的方式，数据失效分为物理损坏和逻辑损坏两种，前者导致失效的数据将彻底无法使用，后者会导致有的数据从表面上来看仍然可用，但实际上数据间的关系已经出现错误。逻辑损坏往往比物理损坏更为隐蔽，破坏性更大。

有多种途径可以防止数据失效，如提高员工操作水平、购买品质优良的设备等。但最根本的方法还是建立完善的备份制度。

备份是一种保证系统文件和重要数据安全的策略，通过制作原始文件、数据的拷贝，就可以在原始数据丢失或遭到破坏的情况下，利用备份技术恢复原始数据，保证系统正常工作。计算机系统中所有与用户相关的数据都需要备份，不仅要备份数据库中的用户数据，还要备份数据库的系统数据及存储用户信息的一般文件。备份的目的就是资源恢复，最大限度地降低系统风险，保护系统最重要的数据资源。在系统发生故障后，可以利用数据备份技术来恢复整个系统中的数据，包括用户数据、系统参数和环境参数等。

（二）备份的层次

备份可以分为以下三个层次：硬件级、软件级、人工级。硬件级的备份是指用多余的硬件保证系统的连续运行。比如硬盘双工、双机容错等方式，如果一个硬件损坏，后备硬件马上能够接替其工作。但这种方式无法防止逻辑上的错误，如人为操作失误、病毒入侵、数据错误等，无法真正起到保护数据的作用。硬件备份的作用实际上是保证系统在出现故障时能够继续运行。

软件级的备份是指将系统数据保存到其他介质上，当系统出错时可以将系统恢复到备份时的状态。这种备份是由软件来完成的，所以称为软件备份。当然，以这种方法来备份和恢复数据需要花费一定的时间。但这种方法可以完全防止逻辑错误，因为备份介质和计算机系统是分开的，错误不会复写到介质上。

人工级的备份虽原始，最为简单和有效。如果用文字记录下我们的每一个操作，不愁恢复不了数据。但但如果要用手工记录的方式从头恢复所有数据，就需要耗费大量的时间。

事实证明，只有将硬件备份和软件备份相结合，才能为人们提供高效的数据安全保护方案。理想的备份系统是在软件备份的基础上增加硬件容错系统，使系统更加安全可靠。实际上，备份应包括文件／数据库备份和恢复、系统灾难恢复和备份任务管理。

（三）备份的方式

1. 完全备份

完全备份是指将系统中所有的数据信息全部备份。其优点是数据备份完整，缺点是备份时间长，备份量大。

2. 增量备份

增量备份是指只备份上次备份后系统中变化过的数据信息。其优点是数据备份量少、时间短，缺点是恢复系统时间长。

3．差异备份

差异备份是指只备份上次完全备份以后变化过的数据信息。其优点是备份数据量适中，恢复系统时间短。

全备份所需时间最长，但恢复时间最短，操作最方便，当系统中数据量不大时，采用全备份最可靠；但是随着数据量的不断增大，我们无法每天都做全备份，而只能在休息时间进行全备份，其他时间我们可采用所用时间更少的增量备份或介于两者之间的差异备份。各种备份方式和备份的数据量不同：全备份＞差异备份＞增量备份。在备份时需要根据它们的特点灵活使用。

关于备份的方式，即将在第三章中进行了详细分类及介绍，在此不做赘述。

（四）与备份有关的概念

24×7 系统：有些企业的特性决定了计算机系统必须一天 24 小时、一周 7 天地运行。这样的计算机系统被称为 24×7 系统。

备份窗口：指一个工作周期内留给备份系统进行备份的时间长度。如果备份窗口过小，则应努力加快备份速度。

故障点：计算机系统中所有可能影响日常操作和数据的部分都被称为故障点。备份计划应尽可能多地覆盖故障点。

备份服务器：在备份系统中，备份服务器是指连接备份介质的备份机，一般备份软件也在备份服务器上运行。

跨平台备份：指备份不同操作系统中系统信息和数据的备份功能。跨平台备份有利于降低备份系统的成本，并进行统一管理。

备份代理程序：是指运行在异构平台上，与备份服务器通信，从而实现跨平台备份的小程序。

推技术：指在进行备份时，为了提高备份效率，将备份数据打包后"推"给备份服务器的技术。在备份窗口较小的情况下可以使用推技术。

并行流处理：指从备份服务器同时向多个备份介质同时备份的技术。

在备份窗口较小的情况下可以使用并行流技术。

备份介质轮换：即轮流使用备份介质的策略，好的轮换策略能够避免备份介质被频繁地使用，以延长备份介质的寿命。

二、备份技术与备份方法

（一）硬件备份技术

目前采用的备份措施在硬件一级有磁盘镜像、磁盘双工、磁盘阵列及双机容错等。

1. 磁盘镜像

磁盘镜像技术是指在同一硬盘控制卡上安装两个完全相同的硬盘，操作时将一个设置为主盘，另一个设置为镜像盘或者从盘。当系统写入数据时，会分别存入两个硬盘，两个硬盘中保存着完全相同的数据。一旦一个硬盘损坏，另一个硬盘就会继续工作，并发出警报，提醒管理员维修或更换损坏的硬盘。磁盘镜像具有很好的容错能力，可以防止单个硬盘的物理损坏，但无法防止逻辑损坏。

2. 磁盘双工

磁盘镜像技术可以保证一个磁盘损坏后系统仍能正常工作。但如果服务器通道发生故障或电源系统发生故障，磁盘镜像就无能为力了。磁盘双工可以很好地解决这个问题，它将两个硬盘分别接在两个通道上，每个通道都有自己独立的控制器和电源系统，当一个磁盘、通道或电源系统发生故障时，系统会自动使用另一个通道的磁盘而不影响系统的正常工作。磁盘双工对系统具有很强的数据保护能力。由于这两个硬盘上的数据完全一样，服务器还可以利用两个硬盘通道，并执行查找功能，从而加快系统的响应速度。

3. 磁盘阵列

近年来，CPU 的处理速度增加了几十倍，内存的存取速度亦加快了不少，而数据储存装置——主要是磁盘的存取速度只加快了三四倍，是计算机系统发展的瓶颈，拉低了计算机系统的整体性能。若不能有效地加快磁盘的存取速度，CPU、内存及磁盘间的不平衡将造成 CPU 及内存的浪费。

如何加快磁盘的存取速度，如何防止数据因磁盘故障而失落，以及如何有效地利用磁盘空间，一直是计算机专业人员不断研究和用户关心的问题。目前加快磁盘存取速度的方式主要有两种。其一是磁盘高速缓存控制，它将从磁盘中读取的数据存在高速缓存中，以减少磁盘存取的次数，数据的读写都在高速缓存中进行，从而大幅加快存取的速度。如要读取的数据不在高速缓存中，就会在数据写到磁盘上时，才做磁盘的存取动作。这种方式在单工环境下，如 DOS 之下，通过大量数据的存取能显示出磁盘具有很好的性能（量小且频繁的存取则不然）；但在多工环境之下，因为要不停地进行数据交换的动作，对数据的存取（因为每一记录都很小）就不能显示磁盘性能，且这种方式没有任何安全保障。其二是磁盘阵列技术。磁盘阵列是指把多个物理磁盘驱动器连接在一起，组成一个大容量的高速逻辑磁盘阵列并协同工作，它将数据以分段的方式储存在不同的磁盘中，在存取数据时，阵列中的相关磁盘会一起运作，从而大幅减少数据的存取时间；同时磁盘系统特有的容错功能，能自动恢复损坏的数据，以确保磁盘数据的安全，从而有效管理磁盘，提高磁盘空间的利用率。

4. 双机容错

双机容错的目的在于保证数据永不丢失和系统永不停机，采用智能型磁盘阵列柜能够保证数据永不丢失，采用双机容错软件能够解决系统停机的问题。其运行的基本架构共分两种模式。

（1）双机互备援

所谓双机互备援就是两台主机均为工作机。在正常情况下，两台工作机均为系统提供支持，并互相监视对方的运行情况。当一台主机出现异常，不能支持信息系统正常运营时，另一主机则主动接管异常机的工作，继续支持系统的运行，从而保证系统能够不间断地运行。但此时正常主机的负载会有所增加，必须尽快将异常机修复以缩短正常机持续负载的时间。当异常机经过维修恢复正常后，系统管理员通过管理命令，可以将正常机接管的工作切换回已修复的异常机。

（2）双机热备份

所谓双机热备份又称在线守候，就是从一台主机为工作机，另一台主机为备份机。在系统正常的情况下，工作机为系统提供支持，备份机监视工作机的运行情况；当工作机出现异常，不能支持系统运行时，备份机会主动接管工作机的工作，继续支持系统的运行，从而保证系统能够不间断地运行。当工作机经过维修恢复正常后，系统管理人员通过管理命令或经由 SHELL 程序以人工或自动的方式将备份机的工作切换回工作机；也可以启动监视程序监视备份机的运行情况。这样一来，原来的备份机就成了工作机，原来的工作机就成了备份机。

（二）软件备份技术

在任何系统中，软件的功能和作用都是核心所在，备份系统也不例外。磁带设备等硬件是备份系统的基础，但硬件备份不能代替数据存储备份，否则若发生人为失误，由此丢失的数据也就无法恢复了。实际上，备份策略的制定、备份介质的管理以及一些扩展功能的实现，最终都是由备份软件完成的。备份软件的功能和作用主要包括：磁带驱动器的管理、磁带库的管理、备份数据的管理等。

一个好的备份软件应该具有以下特点：安装方便、界面友好、使用灵活；支持跨平台备份；支持文件打开状态备份；支持在网络中的远程集中备份；支持备份介质自动加载的自动备份；支持多种文件格式的备份；支持各种策略的备份方式。

下面介绍两款备份软件。

1. 诺顿克隆精灵（Norton Ghost）

Norton Ghost（以下简称"Ghost"）以功能强大、使用方便著称，成为硬盘备份和恢复类软件中的常用软件之一。Ghost 软件是大名鼎鼎的赛门铁克公司的一个拳头软件，Ghost 是 "General Hardware Oriented System Transfer" 的英文缩写，意思是 "通用硬件导向系统转移"。Ghost 基本属于免费软件，很多主板厂商都随产品附送，用户只要从随机光盘中将有关文件拷贝到硬盘（注意不要将它拷贝到 C 盘，而应该拷贝到 D 盘或 E 盘）或软盘中就可以了。它的文件不多且比较小，主文件 Ghost.exe 仅 597KB，一张启动盘就可以装下。要使用 Ghost 的功能，至少要将硬盘分为两个区，而且准备存储影像文件的分区最好比系统区稍大一些。

Ghost 工作的基本方法不同于其他的备份软件，它是将硬盘的一个分区或整个硬盘作为一个对象来操作，可以完整复制对象（包括对象的硬盘分区信息、操作系统的引导区信息等），并将其打包压缩成为一个影像文件。在有需要的时候，还可以把该影像文件恢复到对应的分区或对应的硬盘中。基于此，我们就可以利用 Ghost 来备份系统和完全恢复系统。对学校和网吧的计算机来说，使用 Ghost 软件进行硬盘对拷可以实现系统的快速安装和恢复，而且维护起来也比较容易。

2. 智能备份（Smart Backup）

该软件支持的数据备份类型十分广泛，具体来说包括安装系统软件和应用软件所形成的文件、计算机自动生成或添加用户形成的个人信息，以及计算机使用者个人积累和编辑的文件。Smart Backup 除了具有常规的备份/恢复数据文件的功能，还引入了计划任务的概念，使程序可以在预定的时间提醒使用者备份文件。

在数据备份方面，Smart Backup 支持 OE 备份，同时提供 Office 2000 设置、QQ 备份、系统文档等八种备份功能。Smart Backup 也提供了对驱动程序的备份功能，非常实用。

（三）利用网络备份

互联网的迅速普及使越来越多的人真正体会到信息技术带来的方便、

快捷。在网络时代，人们开始想方设法将一些较大的文件备份到网络上，而利用网络资源进行备份最快捷的方式莫过于电子邮件。用户只需要在能提供电子邮箱的网站上申请一个免费的电子邮箱，就可以将一些重要的文件或数据作为附件发送到邮箱中进行备份。如果经常把一些文件保存到电子邮箱中，使用网络邮盘是一个很好的选择。这是一个非常有创意的电子邮件客户端的辅助工具。它可以利用多个电子邮箱来构造个人的网络存储空间。在使用一般的邮件客户端软件或 Web Mail 系统（网页邮件系统）来达到这一功能时，操作不仅会比较麻烦，还会受最大附件允许值的限制。而使用网络邮盘则可以很好地解决这些问题，能够轻松地将文件存储到邮箱，不再受最大附件的限制。而且，网络邮盘还考虑到大多数网民可能有不止一个电子邮箱，因此最多允许用户用十六个电子邮箱来构造自己的网络存储空间，用户甚至可以轻易地存取大小超过单个电子邮箱容量的文件。

另外，通过个人主页存储空间进行备份也是一个比较好的备份选择。目前，很多网站都提供免费的个人主页空间。当用户建立了自己的个人主页之后，就可以使用 FTP 服务或其他的页面管理工具，将文件上传到服务器上，然后将文件放入相应的备份目录中，这样就完成了文件的备份工作。当用户需要该文件时，就可以利用 FTP 工具从服务器上下载文件。

利用网络资源进行备份，不需要更多的存储设备。当用户需要备份文件时，只要简单地从网上将备份文件下载下来，就能解决问题，既方便又快捷。随着互联网的不断发展，相信会有越来越多的人利用网络进行信息备份，也会有越来越多的备份方法不断涌现。

第四节 入侵检测技术

入侵检测的目的是对网络系统的运行状态进行监视，发现各种攻击企图、攻击行为或者攻击结果，以保证系统资源的机密性、完整性和可用性。入侵检测系统是指从多种计算机系统及网络系统中收集信息，再通过这些信息来分析入侵特征的网络安全系统。

一、入侵检测概述

随着互联网技术的高速发展，计算机网络的结构变得越来越复杂，计算机的工作模式由传统的以单机为主向、基于网络的分布式转化，网络入侵的风险也随之增加，网络安全与信息安全问题成为人们高度重视的问题。全球每年因计算机网络安全问题而造成的经济损失高达数百亿美元，并且这个数字还在不断增加。传统的加密和防火墙技术等被动防范技术已经不能满足如今的网络安全需要，要想保证网络信息和网络秩序的安全，就需要更完善的安全保护技术。近年来，入侵检测技术以其强有力的安全保护功能进入了人们的视野。

入侵检测技术是在近年来飞速发展起来的一种动态的集监控、预防和抵御系统入侵行为于一体的新型安全机制。作为传统安全机制的补充，入侵检测技术不再是被动地对入侵行为进行识别和防护，而是能够提出预警并进行相应的反应动作。入侵检测系统可以识别针对计算机系统、网络系统或更广泛意义上的信息系统的非法攻击，包括检测外界非法入侵者的恶意攻击或试探，以及内部合法用户超越使用权限的非法行动。通常来说，入侵检测是对计算机和网络资源上的恶意使用行为进行识别和处理的过程，具有智能监控、实时探测、动态响应、易于配置等特点。

入侵是个广义的概念，不仅包括发起攻击的人取得超出合法范围的系统控制权，也包括收集漏洞信息、造成拒绝访问等对计算机系统造成危害的行为。入侵行为不仅包括外部行为，也包括内部用户的未授权活动。从入侵策略的角度看，可以将入侵检测的内容分为试图闯入、成功闯入、冒充其他用户、违反安全策略、合法用户的泄露、独占资源以及恶意使用等几个方面。入侵是指采用数据攻击、身份冒充、非法使用服务、拒绝服务等技术手段，对网络的三个要素发动的攻击。数据攻击包括信息获取、非法获取数据、篡改数据等手段，身份冒充包括地址伪装、会话重放、特洛伊木马、陷阱门等手段，非法使用服务包括主机缓冲区溢出、远程缓冲区溢出、服务漏洞攻击、系统漏洞攻击等手段，拒绝服务包括占用网络带宽、干扰服务、本地关机、远程关机等手段。

基于上述概念，可以将入侵检测定义为：对网络系统的运行状态进行监视，发现各种攻击企图、攻击行为或者攻击结果，以保证系统资源的机密性、完整性和可用性。所有能够执行入侵检测任务和功能的系统，都可以称为入侵检测系统，其中包括软件系统以及软硬件结合的系统。入侵检测系统是安全体系的一种防范措施，它试图检测、识别和隔离入侵企图及阻止对计算机的未授权使用。它不仅能监视网络上的访问活动，还能针对正在发生的攻击行为进行报警，甚至采取相应的阻断或关闭设备等措施。

二、入侵检测模型

入侵检测模型是判断网络用户的行为是正常行为还是入侵行为的一套机制，它包括模式库、规则集、判定树、系统状态、统计轮廓等。如何建立入侵检测模型，从大量的审计数据属性中生成最能有效区分正常行为和异常行为的正常行为轮廓，或者从中有效提取入侵模式，是入侵检测研究的重点之一。

（一）Senning 模型

Senning 模型是一个通用的入侵检测模型。它独立于具体系统、应用环境和攻击类型。该模型的基本思想是：为用户建立和维护一系列描述用户正常活动的行为特征轮廓，监控用户的当前活动。当用户的当前活动与其特征轮廓的差别超出预定阈值时，则认为当前活动是异常的。Senning 模型成为后来很多实用入侵检测系统的基础模型，目前大多数的检测模型及其体系都是在此基础上发展而来的。

（二）CIDF 入侵检测模型

随着入侵行为的种类不断增多，其涉及的范围也在不断扩大，而且许多攻击是经过长时期准备和通过网上协作进行的。面对这种情况，入侵检测系统的不同功能组件之间、不同入侵检测系统之间共享攻击信息是十分重要的。为此，有学者提出一种通用的入侵检测框架模型，简称CIDF。在该模型中，入侵检测系统由事件产生器、事件分析器、事件数据库和响应单元组成。

1．事件产生器

事件产生器是入侵检测系统中负责采集原始数据的部分，它对数据流、日志文件等进行追踪，然后将搜集到的原始数据转换为事件，并向系统的其他部分提供此事件。

2．事件分析器

事件分析器接收事件信息，然后对它们进行分析，判断某一事件是否属于入侵行为或异常现象，最后将判断的结果转换为警告信息。事件分析器是入侵检测系统的核心模块，它能够对事件进行分析和处理。分析模块可以用现有的各种方法对事件进行分析，确定该事件是否属于攻击行为，如果是则报警，如果不能确定，也会给出一个怀疑值。

3．事件数据库

事件数据库是存放各种中间数据和最终数据的地方，它从事件产生器或事件分析器中接收数据，保存时间一般较长。它可以是复杂的数据库，也可以是简单的文本文件。

4．响应单元

响应单元根据警告信息做出反应，它可以做出切断连接、改变文件属性等强制反应，也可以只是简单的报警。它是入侵检测系统中的主动武器。

三、入侵检测系统概述

（一）入侵检测系统的概念

入侵检测系统（简称"IDS"）是指从多种计算机系统及网络系统中收集信息，再通过这些信息分析入侵特征的网络安全系统。入侵检测系统被认为是防火墙之后的第二道安全闸门。它能在入侵（或攻击）行为对系统产生危害前，检测到入侵（或攻击）行为，并利用报警与防护系统对其进行驱逐；在入侵（或攻击）行为进行的过程中，能减少入侵（或攻击）所造成的损失；在被入侵（或攻击）后，能收集相关信息，将其作为防范系统的知识，提高系统的防范能力，避免系统再次受到同类型的入侵（或攻击）。

（二）入侵检测系统的原理

入侵检测系统是指执行入侵检测工作的硬件和软件产品。入侵检测系统通过实时的分析，检查特定的攻击模式、系统配置、系统漏洞、存在缺陷的程序版本以及系统或用户的行为模式，监控与系统安全有关的活动。一个基本的 IDS 需要解决两个问题：一是如何充分可靠地提取描述行为特征的数据；二是如何根据数据特征，高效并准确地判定行为的合法性。入侵检测系统的工作主要分为数据收集、数据分析、结果处理三部分。此外，还包括其他组成部分，如配置管理、界面管理与其他系统通信管理等。入侵检测系统的数据来源多样，可以是主机上的信息、网络上的信息以及其他系统的信息等。

1．数据收集

入侵检测的第一步是数据（信息）收集，包括系统、网络、数据及用户活动的状态和行为。由放置在不同网段中的传感器或不同主机中的代理来收集信息，包括系统和网络日志文件、网络流量、非正常的目录和文件改变、非正常的程序执行。

2．数据分析

第二步是数据（信息）分析，将收集到的有关系统、网络、数据及用户活动的状态和行为等信息，送到检测引擎，检测引擎会留在传感器中，一般通过三种技术手段进行分析：模式匹配、统计分析和完整性分析。

3．事件响应

事件响应是控制台按照预先定义的警告产生响应，可以是重新配置路由器或防火墙、终止进程、切断连接、改变文件属性，也可以只是简单的警告。

（三）入侵检测系统的主要功能

一般说来，入侵检测系统有以下六种功能：监视并分析用户和系统的活动，查找非法用户和合法用户的越权操作；审计系统配置的正确性和存在的漏洞；对异常活动进行统计分析；检查系统程序和数据的一致性与正确性；能够实时对检测到的入侵行为做出反应；对操作系统进行审计跟踪管理。

这些功能组合起来，使系统管理员可以很方便地监视、审计、评估网络系统的安全性。入侵检测的前提是用户和程序的行为可以被监控（比如基于主机的入侵检测系统可以通过系统的审计记录来进行检测），而且正常行为和攻击行为之间有明显的不同。对于正常行为和攻击行为，不同的入侵检测系统会采用不同的特征集合和分析模型来进行判断。

（四）入侵检测系统的分类

随着入侵检测技术的发展，入侵检测系统日益增多，不同标准的系统具有不同的特征。对于入侵检测系统,要考虑的因素主要有信息源、入侵、事件生成、事件处理、检测方法等。

1．根据检测技术分类

从技术上划分,入侵检测分为异常检测模型和误用检测模型。

（1）异常检测模型

异常检测是指根据使用者的行为或资源使用的情况（是否偏离正常情况）来判断入侵是否发生,检测的进行不依赖于具体行为是否出现,所以也被称为基于行为的检测。系统运行时,异常检测程序产生当前活动轮廓并同原始轮廓进行比较,同时更新原始轮廓,当发生显著偏离时即认为是入侵。基于行为的检测与系统相对无关,通用性比较强,它甚至有可能检测出以前从未出现过的攻击方法。但因为不可能对整个系统内的所有用户行为进行全面的描述,所以它的误检率很高。

（2）误用检测模型

误用检测又称特征检测或基于规则的入侵检测。在误用检测中,入侵过程模型及它在被观察系统中留下的踪迹是决策的基础,所以可以事先根据经验规则或者知识来定义某些非法行为的特征,然后将观察对象与之进行比较,从而判别系统是否具有此种非法行为。

2．根据数据来源分类

入侵检测系统根据不同的数据源可以分为基于主机的入侵检测系统、基于网络的入侵检测系统和混合型入侵检测系统。

（1）基于主机的入侵检测系统

基于主机的入侵检测系统所分析的数据是计算机操作系统的事件日志、应用程序的事件日志、系统调用、端口调用和安全审计记录。主机型入侵检测系统一般就是所在的主机系统。基于主机的入侵检测系统需要先定义哪些是不合法的活动,然后把这种安全策略转换成入侵检测规则。

基于主机的入侵检测系统可以有若干种实现方法:检测系统设置,以发现不正当的系统设置和系统设置的不正当更改,如 COPS 系统;对系统安全状态进行定期检查，以发现不正常的安全状态，如 Tripwire 系统；通过替换服务器程序，在服务器程序与远程用户之间增加一个中间层，在该中间层中实现跟踪和记录远程用户的请求和操作；基于主机日志的安全审计，通过分析主机日志来发现入侵行为。

基于主机的入侵检测系统具有检测效率高、分析代价小、分析速度快的特点，能够迅速并准确地定位入侵者，并结合操作系统和应用程序的行为特征对入侵行为进行进一步的分析。目前，基于主机日志的入侵检测系统比较常见。

基于主机的入侵检测系统存在的问题有以下几点。第一，它在一定程度上依赖系统的可靠性，它要求系统本身具备基本的安全功能并具有合理的设置，然后才能提取入侵信息。第二，即使进行了正确的设置，熟悉操作系统的攻击者仍然有可能在入侵行为完成后及时地将系统日志抹去，从而使入侵行为不被发觉。第三，主机的日志能够提供的信息有限，有的入侵手段和途径不会在日志中有所反映，日志系统对有的入侵行为不能给出正确的响应。例如，利用网络协议栈的漏洞进行的攻击，可以通过 Ping 命令发送大数据包，造成系统协议栈溢出，进而死机；利用 ARP 欺骗伪装成其他主机进行通信，这些手段都不会被高层的日志记录下来。第四，在数据提取的实时性、充分性、可靠性方面，基于主机日志的入侵检测系统不如基于网络的入侵检测系统。另外，基于主机的入侵检测系统与操作系统和应用层入侵事件的结合过于紧密，通用性较差，分析过程也会占用主机的资源，对基于网络的攻击不够敏感。

（2）基于网络的入侵检测系统

基于网络的入侵检测系统分析的数据是网络上的数据包，网络型入侵检测系统担负着保护整个网段的任务。基于网络的入侵检测系统由遍及网络的传感器组成，传感器是一台将以太网卡置于混杂模式的设备，用于探索网络上的数据包。

在互联网中，局域网普遍采用 IEEE 802.3 协议。该协议定义主机进行数据传输时采用子网广播的方式，任何一台主机发送的数据包都会在其经过的子网中进行广播。也就是说，任何一台主机接收和发送的数据都可以被同一子网内的其他主机接收。在正常设置下，主机的网卡会对每一个到达的数据包进行过滤，但只会将目的地址是本机或广播地址的数据包放入接收缓冲区，而将其他数据包丢弃。因此，在正常情况下，网络上的主机表现为只关心与本机有关的数据包，但是只要将网卡的接收模式进行适当的设置后，就可以改变网卡的过滤策略，使网卡能够接收经过本网段的所有数据包，无论这些数据包的目的地址是不是该主机。网卡的这种接收模式被称为混杂模式，目前绝大部分网卡都提供这种设置。在有需要的时候，对网卡进行合理的设置就能获得经过本网段的所有通信信息，从而实现网络的监视功能。

网络监视具有良好的特性。理论上，网络监视可以获得所有的网络信息数据，只要时间允许，就可以在庞大的数据堆中提取和分析需要的数据；可以对一个子网进行检测，一个监视模块可以监视同一网段的多台主机的网络行为；不改变系统和网络的工作模式，也不影响主机性能和网络性能；处于被动接收方式，很难被入侵者发现；可以从底层开始分析，对基于协议攻击的入侵手段有比较强的分析能力。网络监视的主要缺点是：监视数据量过于庞大，而且它不能结合操作系统的特征来对网络行为进行准确判断；只能检测本网段的活动；在交换式网络环境下难以配置；不能审查加密数据的内容。

基于网络的入侵检测方式具有较强的数据提取能力，目前很多入侵检测系统倾向于采用基于网络的检测手段。

（3）混合型入侵检测系统

基于网络和基于主机的入侵检测系统都有不足之处，会造成防御体系不全面，而将基于网络和基于主机相结合的混合型入侵检测系统，既可以发现网络中的攻击信息，也可以从系统日志中发现异常情况。该系统通常由数据采集模块、通信传输模块、入侵检测分析模块、响应处理模块、管理中心模块及安全知识库组成，这些模块可以根据不同的情况进行组合。混合型的入侵检测系统对保证大型网络的安全很有意义，它能够将基于主机和基于网络的入侵检测系统结合起来，以便检测到丰富的数据，从而弥补单一结构的不足。但混合型的入侵检测系统增加了网络管理的难度和开销。

3．根据体系结构分类

入侵检测系统根据体系结构的不同可以分为集中式入侵检测系统、分层式入侵检测系统和分布式入侵检测系统。

（1）集中式入侵检测系统

集中式入侵检测系统由一个集中的入侵检测服务器和运行于各个主机的简单的审计程序组成，被监视的各个主机将收集到的数据传送到检测服务器，由服务器进行分析。许多现有的系统是建立在这种模式下的，一般运行在规模较小的网络中。这种系统在可衡量性、强壮性和可配置性方面有很大的缺陷。首先，随着网络规模的增大，主机和服务器之间要传输的数据流也越来越大，这将降低网络的性能，也很难保证系统的可衡量性；其次，如果检测服务器坏了，那么整个系统就崩溃了；最后，需要根据各个主机的不同需要来配置这个服务器。

（2）分层式入侵检测系统

为弥补单点实现的缺陷，在监视大规模网络时，可以将网络分层管理，由每层的各个入侵检测系统负责分析相应网络段的监视数据，并且将分析结果传至邻近的上一层。这样高一层的入侵检测系统只用分析下一层的分析结果，而不用将所有收集到的数据传至检测服务器中。分层实施分析数据使系统具有更好的可升级性。当网络的拓扑结构改变后，网络分层改变，综合局部分析结果的机制也会发生改变。

（3）分布式入侵检测系统

分布式入侵检测系统将单个服务器的任务分给多个相互合作的主机入侵检测系统，每个入侵检测系统负责监视单个主机的一部分，多个入侵检测系统同时运用、相互合作、相互参考并制定总体决策。与分层式入侵检测系统不同的是，分布式入侵检测系统中没有分层，这样任何一个入侵检测系统的失误都不会影响针对网络进攻的检测的准确性。

（五）入侵检测系统的性能指标

衡量入侵检测系统的两个最基本的指标为检测率和误报率，两者分别从正、反两方面表明了检测系统的检测准确性。实用的入侵检测系统应尽可能地提高系统的检测率而降低误报率，但在实际的检测系统中，这两个指标存在一定的抵触，因此应根据具体的应用环境考虑选用哪一指标。除检测率和误报率外，在实际设计和运行具体的入侵检测系统时，还应该考虑如下几个方面。

1．操作方便性

训练阶段的数据量需求少（支持系统行为的自学习等），可自动化训练（支持参数的自动调整等）；在响应阶段提供多种自动化的响应措施。

2．抗攻击能力

能够抵抗攻击者修改或关闭入侵检测系统的行为。当攻击者知道系统中存在入侵检测系统时，很可能会首先对入侵检测系统进行攻击，以便为其攻击系统扫平障碍。

3．开销小

系统开销小，对宿主操作系统的影响要尽可能小。

4．可扩展性

入侵检测系统在规模上具有可扩展性，可适用于大型网络环境。

5．自适应、自学习能力

应根据使用环境的变化自动调整有关阈值和参数，以提高检测的准确率；应具有自学能力，能够自动学习新的攻击特征，并更新攻击签名库。

6．实时性

检测系统应能及早发现和识别入侵，以尽快隔离或阻止攻击，减少其造成的破坏。

四、入侵检测技术面临的挑战及发展方向

（一）入侵检测技术面临的挑战

近年来，入侵技术在规模与方法上都发生了变化，入侵检测系统在发展上主要面临如下挑战。

1．入侵手段的综合化与复杂化

由于网络防范技术的多重化，攻击的难度增加，入侵者在实施入侵时往往会同时采用多种入侵手段，并在实施攻击的初期掩盖入侵的真实目的，以提高入侵的成功率。

2．入侵规模扩大

网络规模增大，导致信息的收集和处理难度加大，入侵规模扩大。

3．存在对入侵检测系统的攻击

入侵者通过分析入侵检测系统的审计方式、特征描述、通信模式，找出入侵检测系统的弱点，然后加以攻击。

（二）入侵检测技术发展方向

可以看到，在入侵检测技术发展的同时，入侵技术也在更新，一些非法组织已经将如何绕过入侵检测系统和如何攻击入侵检测系统作为研究重点。高速发展的网络技术，尤其是交换技术的发展以及通过加密信道的数据通信，使通过共享网段进行侦听的网络数据采集方法显得更加力不从心，而大量的通信量对数据分析也提出了新的要求，所以入侵检测系统应具有更好的适应性、可扩展性及更高的检测效率。近年来，入侵检测技术有以下几个主要发展方向。

1．分布式入侵检测技术与通用入侵检测架构

传统的入侵检测系统一般局限于单一的主机或网络架构，对异构系统及大规模的网络的检测明显不足。同时，不同的入侵检测系统尚不能协同工作。为解决这一问题，需要进一步研究分布式入侵检测技术与通用

入侵检测架构。

2．应用层入侵检测

许多入侵的语义只有在应用层才能被理解，而目前的入侵检测系统仅能检测如 Web 之类的通用协议，不能处理如 Lotus Notes、数据库系统等其他应用系统。许多基于客户 / 服务器结构、中间件技术及对象技术的大型应用，都需要应用层的入侵检测保护。

3．智能的入侵检测

入侵方法越来越多样化与综合化。尽管已经有智能代理、神经网络与遗传算法出现，但是也只是一些尝试性的研究工作，研究人员还需要对智能化的入侵检测系统进行进一步的研究，以提高其自学习与自适应能力。

4．入侵检测的评测方法

用户要对众多的入侵检测系统进行评价，评价指标包括检测范围、系统资源占用、入侵检测系统自身的可靠性与鲁棒性等，从而设计通用的入侵检测测试、评估方法与平台。实现对多种入侵检测系统的检测已经成为当前的一个重要的研究方向。

5．与其他网络安全技术相结合

结合防火墙、VPN、PKIX、安全电子交易 SET 等新的网络安全与电子商务技术，提供网络安全保障。目前，国外许多实验室和公司已经开发出一些新型系统和商业产品，常见的如思科公司的 NetRanger，ISS 的 RealSecure 入侵检测系统等。

第三章 数据库与数据安全技术

第一节 数据库安全概述

保证网络系统中的数据安全就是使数据免受各种因素的影响，保护数据的完整性、保密性和可用性。人为的错误、硬盘的损毁、计算机病毒、自然灾难等都有可能导致数据库中数据的丢失，给企事业单位造成难以估量的损失。例如，如果丢失了系统文件、客户资料、技术文档、人事档案文件、财务账目文件等，企事业单位的业务将难以正常进行。因此，所有的企事业单位的管理者都应采取有效措施保护数据库，以便在意外发生后，能够尽快地恢复系统中的数据，使系统能够正常运行。

为了保护数据安全，企事业单位可以采用很多安全技术和措施。这些技术和措施主要有数据完整性技术、数据备份和恢复技术、数据加密技术、访问控制技术、用户身份验证技术、数据的真伪鉴别技术、并发控制技术等。

一、数据库安全的概念

数据库安全是指数据库的任何部分都没受到侵害，或没有受到未经授权的存取和修改。数据库的安全性问题一直是数据库管理员最关心的问题。

（一）数据库安全

数据库就是一种结构化的数据仓库。人们时刻都在和数据打交道，如存储在个人掌上计算机中的数据、家庭预算的电子数据表等。对少量、简单的数据，如果与其他数据之间的关联较少或没有关联，可以将它们简单地存放在文件中。普通记录文件没有系统结构来系统地反映数据间的复杂关系，也不能强制定义个别数据对象。但是企业数据都是相互关联的，所以不能使用普通的记录文件来管理大量的、复杂的系列数据，比如银行的客户数据，生产厂商的生产控制数据等。

数据库安全主要包括数据库系统的安全性和数据库数据的安全性两层含义。

1. 数据库系统的安全性

数据库系统的安全性是指在系统级控制数据库的存取和使用的机制，应尽可能地堵住潜在的各种漏洞，防止非法用户利用这些漏洞侵入数据库系统；保证数据库系统不因软硬件故障及灾害的影响而不能正常运行。数据库系统安全包括：硬件运行安全，物理控制安全，操作系统安全，用户有连接数据库的授权，灾害、故障恢复。

2. 数据库数据的安全性

数据库数据的安全性是指在对象级控制数据库的存取和使用的机制，即规定哪些用户可存取指定的模式对象及在对象上允许有哪些操作类型。数据库数据安全包括：有效的用户名/密码鉴别，用户访问权限控制，数据存取权限、方式控制，审计跟踪，数据加密，防止电磁信息泄露。

数据库数据的安全保护措施应确保在数据库系统关闭后，当数据库数据存储媒体被破坏或数据库用户误操作时，数据库数据信息不会丢失。对于数据库数据的安全问题，数据库管理员可以采用系统双机热备份、数据库的备份和恢复、数据加密、访问控制等措施。

（二）数据库安全管理原则

一个强大的数据库安全系统应当确保其信息的安全性，并对其进行有效的管理和控制。遵循下面几项数据库管理原则有助于企业在网络安全规则范围内实现对数据库的安全保护。

1．管理细分和委派原则

在数据库工作环境中，数据库管理员一般都独立执行数据库的管理和其他事务工作。一旦出现岗位交替，将带来一连串的问题。通过管理责任细分和任务委派，数据库管理员可以从常规事务中解脱出来，更多地关注于解决数据库执行效率及与管理相关的重要问题，从而保证其自身任务的高效完成。企业应设法通过数据库管理员的职能和可信任的用户群，来进一步细分数据库管理的责任和角色。

2．最小权限原则

企业必须本着"最小权限"的原则，从需求和工作职能两个方面严格限制各用户对数据库的访问。通过对角色的合理运用，"最小权限"可以确保数据库功能的实现和限制各用户对特定数据的访问权限。

3．账号安全原则

对每一个数据库连接来说，用户账号都是必需的。企业应该遵循传统的用户账号管理方法来进行账号安全管理，包括密码的设定和更改、账号锁定功能、对数据提供有限的访问权限、禁止休眠状态的账户、设置账户的生命周期等。

4．有效审计原则

数据库审计是保证数据库安全的基本要求，它可以用来监视各用户对数据库施加的操作。企业应针对自己的应用和数据库活动定义审计策略，在条件允许的地方采取智能审计。这样不但能节约时间，而且能减少执行审计的范围和对象。

二、数据库管理系统及特性

（一）数据库管理系统简介

数据库管理系统至今已经发展了四十多年。人们提出了许多数据模型，并一一实现，其中比较重要的是关系模型。在关系模型数据库中，保存着数据项，文件就像是一个表。关系被描述成不同数据表间的匹配关系。

早在1980年，数据库市场就被关系模型数据库管理系统占领了。这个模型基于一个可靠的基础模型，可以简单并恰当地将数据项描述成表中的记录行。关系模型第一次广泛地推行是在1980年，当时有一种标准的数据库访问程序语言被开发出来，这种语言被称作结构化查询语言。今天，人们已经开发出多种使用关系模型数据库的应用程序，如跟踪客户端处理的银行系统、仓库货物管理系统、客户关系管理系统和人力资源管理系统等。

由于数据库保证了数据的完整性，企业通常将关键业务数据存放在数据库中。因此，保护数据库安全、避免错误和防止数据库故障已经成为企业关注的重点。

（二）数据库管理系统的安全功能

数据库管理系统是指专门负责数据库管理和维护的计算机软件系统。它是数据库系统的核心，不仅负责数据库的维护工作，还能保护数据库的安全性和完整性。数据库管理系统是近似文件系统的软件系统，应用程序和用户可以通过获取所需数据。然而，与文件系统不同的是，数据库管理系统定义了管理数据之间的结构和约束关系，并提供了一些基本的数据管理和安全功能。

1. 数据的安全性

在网络应用上，数据库必须是一个可以安全存储数据的地方。数据库管理系统能够提供有效的备份和恢复功能，以确保在故障和错误发生后，数据能够尽快地恢复并应用。企事业单位要把关键和重要的数据存放在数据库中，这就要求数据库管理系统必须能够拦截未授权的数据访问。

每当用户想要存取敏感数据时，数据库管理系统就会进行安全性检查。在数据库中，每当对数据进行各种类型的操作（检索、修改、删除等）时，数据库管理系统都可以对这些操作实施不同的安全检查。

2. 数据的共享性

一个数据库中的数据不仅可以被同一企业或组织内部的各个部门共

享，也可同时被不同组织、不同地区甚至不同国家的多个应用和用户访问，而且还不会影响数据的安全性和完整性，这就是数据共享。数据共享是数据库系统的目的，也是它的一个重要特点。数据库中数据的共享主要体现在以下方面：不同的应用程序可以使用同一个数据库；不同的应用程序可以在同一时刻存取同一份数据；数据库中的数据不但可以为现有的应用程序所共享，而且可以为新开发的应用程序所使用；应用程序可由不同的程序设计语言编写而成，它们可以访问同一个数据库。

3．数据的结构化

基于文件的数据的主要优势就在于它利用了数据结构。数据库中的文件相互关联，并在整体上具有一定的结构形式。数据库之所以具有复杂的结构，不仅因为它拥有大量的数据，还因为数据之间和文件之间存在种种联系。数据库的结构使开发者避免了对每个应用都重新定义数据逻辑关系的过程。

4．数据的独立性

数据的独立性就是数据与应用程序之间不存在相互依赖的关系，也就是数据的逻辑结构、存储结构和存取方法等不因应用程序的修改而改变，反之亦然。从某种意义上讲，一个数据库管理系统存在的理由就是，它在数据的组织和用户的应用上具有一定的独立性。数据库系统的数据独立性可分为物理独立性和逻辑独立性两个方面。

（1）物理独立性

即数据库的物理结构的变化不影响数据库的应用结构，也就不影响与其相应的应用程序。这里的物理结构是指数据库的物理位置、物理设备等。

（2）逻辑独立性

即数据库逻辑结构的变化不影响用户的应用程序，修改或增加数据类型、改变各表之间的联系等都不会导致应用程序被修改。

以上两种数据独立性都要依靠数据库管理系统来实现。到目前为止，物理独立性已经实现，但逻辑独立性实现起来非常困难。因为数据结构一旦发生变化，与其相应的应用程序就要进行部分修改。

5．其他安全功能

数据库管理系统除了具有一些基本的数据库管理功能外，在安全性方面，还具有以下功能：保证数据的完整性，抵御一定程度的物理破坏，能维护和提交数据库内容；实施并发控制，避免数据的不一致性；完成数据库的数据备份与数据恢复；能识别用户，分配授权和进行访问控制，包括对用户的身份识别和验证。

（三）数据库事务

"事务"是数据库中的一个重要概念，是一系列操作过程的集合，也是数据库数据操作的并发控制单位。一个"事务"就是一次活动所引起的一系列数据库操作。例如，一个会计"事务"可能由读取借方数据、减去借方记录中的借款数量、重写借方记录、读取贷方记录、将贷方记录上的数量加上从借方扣除的数量、重写贷方记录、写一条单独的记录来描述这次操作以便日后的审计等操作组成。所有这些操作组成了一个"事务"，描述了一个业务动作。无论是借方的动作还是贷方的动作，只要有一个没有被执行，数据库就不会反映该业务执行的正确性。

数据库管理系统在数据库操作时对"事务"进行了定义，要么一个"事务"应用的全部操作结果都反映在数据库中（全部执行），要么都没有反映在数据库中（全部撤除）。这就是说，一个数据库"事务"序列中的所有操作只有两种结果：全部执行和全部撤除。因此，"事务"是不可分割的单位。

上述会计"事务"的例子包含了两个数据库操作：从借方数据中扣除资金，在贷方记录中加入这部分资金。如果系统在执行该"事务"的过程中崩溃，而此时已修改完借方数据，但还没有修改完贷方数据，资金就会在此时物化。如果把这两个步骤合并成一个事务命令，那么执行数据库系统则会产生两种结果：一种是全部完成，一种是均未完成。当只完成一部分时，系统是不会对已完成的操作予以响应的。

三、数据库系统的缺陷和威胁

大多数企业、组织以及政府部门都将电子数据保存在各种数据库中。他们用这些数据库保存一些敏感信息，比如员工薪水、医疗记录、员工个人资料等。数据库服务器还掌握着敏感的金融数据（包括交易记录、商业事务和账号数据），以及战略信息或者专业信息，比如专利、工程数据甚至市场计划等这类应该保护起来，防止竞争者和其他非法者获取的资料。

（一）数据库系统的缺陷

数据库常见的安全漏洞和缺陷有以下几种：

人们对数据库安全的忽视；部分数据库机制威胁网络底层安全；数据库账号密码容易泄漏；数据库主机操作系统的后门存在安全漏洞。

（二）数据库系统面临的威胁形式

对数据库构成的威胁主要有篡改、损坏和窃取三种表现形式。

1. 篡改

所谓篡改，指的是未经授权对数据库中的数据进行修改，使其失去原来的真实性的行为。篡改的形式具有多样性，但有一点是明确的，就是在其造成影响之前人们很难发现它。篡改是人为因素造成的。一般来说，发生这种人为威胁的原因主要有个人利益驱动、隐藏证据、恶作剧和错误操作等。

2. 损坏

网络系统中数据的损坏是数据库安全面临的另一个威胁。其表现形式是数据库部分或全部被删除、移走或破坏。产生这种威胁的原因主要有人为破坏、恶作剧和病毒。人为破坏往往都带有明确的作案动机；恶作剧者往往出于好奇而造成数据损坏；计算机病毒不仅会对系统文件进行破坏，也会对数据文件进行破坏。

3. 窃取

窃取一般是针对敏感数据进行的。窃取的手法除了是将数据复制到软盘之类的可移动介质上，也可以是把数据打印后取走。导致窃取威胁的因素有工商业间谍、心怀不满和要离开的员工，被窃取的数据可能比想象中更有价值等。

（三）数据库系统安全威胁的来源

数据库安全的威胁主要来自以下几个方面。

1. 物理和环境的因素

如物理设备的损坏、设备机械和电气故障、火灾、水灾以及磁盘磁带丢失等。

2. 事务内部故障

数据库"事务"是指数据操作的并发控制单位，是一个不可分割的操作序列。数据库事务内部的故障多来自数据的不一致性，主要表现有数据丢失、数据被修改、数据不能重复读、无用数据的读出。

3. 系统故障

系统故障又叫软故障，是指系统突然停止运行时造成的数据库故障。这些故障不会破坏数据库，但会影响正在运行的所有事务，因为缓冲区中的内容会全部丢失，运行的事务将非正常终止，从而导致数据库处于一种不正确的状态。

4. 介质故障

介质故障又称硬故障，主要指外存储器故障，如磁盘磁头碰撞、瞬时的强磁场干扰等。这类故障会破坏数据库，并且会影响正在使用数据库的所有事务。

5. 并发事件

是指在数据库实现多用户共享数据时，由于多个用户同时对一组数据的不同访问而可能使数据出现不一致的现象。

6. 人为破坏

即某些人为了某种目的，故意破坏数据库。

7. 病毒与黑客

病毒可破坏计算机中的数据，使计算机处于不正确或瘫痪状态。这里提到的黑客是指一些精通计算机网络和软、硬件的计算机操作者，他们往往利用非法手段取得相关授权，非法地读取甚至修改其他计算机中的数据。黑客的攻击和系统病毒的触发都可能会破坏数据保密性和数据完整性。

8. 其他

例如未经授权非法访问或非法修改数据库的信息，窃取数据库数据或使数据失去真实性；对数据不正确的访问引起数据库中的数据出现错误；网络及数据库的安全级别不能满足应用的要求；网络和数据库的设置错误和管理混乱所造成的越权访问以及越权使用数据。

第二节　数据库的安全特性

为了保证数据库中数据的安全可靠和正确有效，数据库管理系统必须提供统一的数据保护功能。数据保护也称数据控制，主要包括数据库的安全性、完整性、并发控制和恢复。下面以多用户数据库系统 Oracle 为例，阐述数据库的安全特性。

一、数据库的安全性

数据库的安全性是指保护数据库以防止不合法的使用造成的数据泄露、更改或破坏。在数据库系统中有大量的计算机系统数据，为许多用户所共享，这样就使安全问题更为突出。在一般的计算机系统中，安全措施是逐级设置的。

（一）数据库的存取控制

在数据库存储一级可采用密码技术，若物理存储设备失窃，它能起到保密作用。在数据库系统中可提供数据存取控制，实施该级的数据保护。

1. 数据库的安全机制

多用户数据库系统提供的安全机制可以做到：防止非授权的数据库存取；防止非授权用户对模式对象的存取；控制磁盘使用；控制系统资源使用；审计用户动作。

用户要存取某一对象时，必须要有相应的特权。已授权的用户可以任意地将存取权限授权给其他用户。

Oracle 采用任意存取控制的方法来控制全部用户对命名对象的存取。用户对对象的存取受特权控制，一种特权是存取一个命名对象的许可，为一种规定格式。

2. 模式和用户机制

Oracle 使用多种不同的机制来保证数据库的安全性，其中包括模式和用户两种机制。

（1）模式机制

模式机制为模式对象的集合，模式对象为表、视图、过程和资源包等。

（2）用户机制

每一个 Oracle 数据库都有一组合法的用户，可运行一个数据库应用并使用该用户连接到定义该用户的数据库。当建立一个数据库用户时，对该用户建立一个相应的模式，模式名与用户名相同。一旦用户连接一个数据库，该用户就可以存取相应模式中的全部对象，一个用户仅与同名的模式联系，所以用户和模式是类似的。

（二）特权和角色

1. 特权

特权是指执行一种特殊类型的 SQL（结构化查询语言）语句或存取另一用户的对象的权力，有系统特权和对象特权两类。

（1）系统特权

系统特权是指执行一种特殊动作或者在对象类型上执行一种特殊动作的权力。系统特权可授权给用户或角色。系统可将授予用户的系统特权授予其他用户或角色，也可以从那些被授权的用户或角色手中收回系统特权。

（2）对象特权

对象特权是指在表、视图、序列、过程、函数或包上执行特殊动作的权利。不同类型的对象有不同类型的对象特权。

2．角色

角色是指相关特权的命名组。数据库系统利用角色能够更容易地进行特权管理。

（1）角色管理的优点

减少特权管理，动态特权管理，特权具备选择可用性，应用可知性。

（2）数据库角色的功能

一个角色可以被授予系统特权或对象特权；一个角色可授权给其他角色，但不能循环授权；任何角色可以授权给任何数据库用户；授权给一个用户的每一角色可以是可用的，也可以是不可用的；一个间接授权角色（授权给另一角色的角色）对一个用户可以明确其角色名可用或不可用；在一个数据库中，每个角色名都是唯一的。

（三）审计

审计是对选定的用户动作进行的监控和记录，通常用于审查可疑的活动、监视和收集关于指定数据库活动的数据。

1．Oracle 支持的三种审计类型

（1）语句审计

语句审计是指对某种类型的 SQL 语句进行的审计，不涉及具体对象。这种审计既可以对系统中的所有用户进行，也可以对系统中的部分用户进行。

（2）特权审计

特权审计是指对执行相应动作的系统特权进行的审计，不涉及具体对象。这种审计既可以对系统中的所有用户进行，也可以对系统中的部分用户进行。

（3）对象审计

对象审计是指对特殊模式对象的访问情况进行审计，不涉及具体用户，是监控有对象特权的 SQL 语句。

2．Oracle 允许的审计选择范围

审计语句的成功执行、不成功执行，或两者都包括；对每一个用户会话审计语句执行审计一次，或对语句每次执行审计一次；审计全部用户或指定用户的活动。

当数据库的审计是可能时，在语句执行阶段会产生审计记录。审计记录包含审计的操作、用户执行的操作、操作的日期和时间等信息。审计记录可存放于数据字典表（也称审计记录）或操作系统审计记录中。

二、数据库的完整性

数据库的完整性是指保护数据库中数据的正确性和一致性。它反映了现实中实体的本来面貌。数据库系统要提供保护数据完整性的功能。系统用一定的机制检查数据库中的数据是否满足完整性约束条件。

（一）完整性约束

1．完整性约束条件

完整性约束条件是模式的一部分，具有定义数据完整性约束条件功能和检查数据完整性约束条件方法的数据库系统，可实现对数据完整性的约束。

完整性约束分为数值类型与值域类型的完整性约束、关键字的约束、数据联系（结构）的约束等。这些约束都是在稳定状态下必须满足的条件，称为静态约束。对应的，还有动态约束，指当数据库中的数据从一种状态变为另一种状态时，新旧数值之间的约束，例如更新人的年龄时，新值不能小于旧值等。

2．完整性约束的优点

利用完整性约束实施数据保护具有以下优点：

定义或更改表时，不需要程序设计便能很容易地编写程序，并能消除程序性错误，其功能由 Oracle 控制；

对表所定义的完整性约束被存储在数据字典中，所以由任何应用进入的数据都必须遵守与表相关联的完整性约束；

完整性约束具有最强的开发能力，当改变由完整性约束实施的事务规则时，管理员只需改变完整性约束的定义，就能让所有应用自动地遵守修改后的约束；

完整性约束存储在数据字典中，数据库应用利用这些信息，就可以在 SQL 语句执行之前或 Oracle 检查之前，立即反馈信息；

完整性约束说明的语义是清楚的定义，对每一指定的说明规则可以实现性能优化。

（二）数据库触发器

1．触发器的定义

数据库触发器是使用非说明方法实施的数据单元操作过程。利用数据库触发器可以定义和实施任何类型的完整性规则。

Oracle 允许定义过程，当对相关的表进行 insert、update 或 delete 语句操作时，这些过程被隐式地执行，这些过程就称为数据库触发器。触发器类似于存储过程，可包含 SQL 语句，并可调用其他存储过程。过程与触发器的差别在于其调用方法，过程由用户或应用显式地执行，而触发器是由一个激发语句发出而由 Oracle 隐式地触发。一个数据库应用可隐式地触发存储在数据库中的多个触发器。

2．触发器的组成

一个触发器由三部分组成：触发事件或语句、触发限制和触发器动作。触发事件或语句是指激发触发器的 SQL 语句，可以是对一个指定表的 insert、update 语句。触发限制就是指定一个布尔表达式，当触发器激发时该布尔表达式必须为真。触发器作为过程，是 PL/SQL 块，当触发语句发出、触发限制计算为真时，该过程被执行。

3. 触发器的功能

在多种情况下，触发器补充 Oracle 的标准功能，提供高度专用的数据库管理系统。一般触发器用于实现以下目的：自动生成导出阈值，实施复杂的安全审核，在分布式数据库中实施跨节点的完整性引用，实施复杂的事务规则，提供透明的事件记录，提供高级的审计，收集表存取的统计信息。

三、数据库的并发控制

数据库是一种共享资源库，可为多个应用程序所共享。在多种情况下，由于应用程序涉及的数据量可能很大，常常会涉及输入 / 输出的交换，为了有效利用数据库资源，可能多个程序或一个程序的多个进程会并行地运行，这就是数据库的并发操作。

在多用户数据库环境中，多个用户程序可以并行存取数据。并发控制是指在多用户的环境下，对数据库的并行操作进行规范的机制，其目的是避免数据的丢失修改、无效数据的读出与数据不可重复读等，从而保证数据的正确性与一致性。并发控制在多用户的模式下是十分重要的，但这一点经常被一些数据库应用人员忽视。而且因为并发控制的层次和类型非常丰富和复杂，所以人在选择时可能会比较迷惑，不清楚衡量并发控制的原则和途径。

（一）一致性和实时性

一致性的数据库就是指并发数据处理响应过程已完成的数据库。例如：一个会计数据库，当它的借方记录与相应的贷方记录时间相匹配，它就是数据一致的。

一个实时的数据库就是指所有的事务全部执行完毕后才响应的数据

库。如果一个正在运行数据库管理的系统出现故障，不能继续进行数据处理，原来事务的处理结果还存在缓存中而没有写入磁盘文件中，当系统重新启动时，系统数据就是非实时性的。

数据库日志用来在故障发生后恢复数据库时，须保证数据库的一致性和实时性。

（二）数据的不一致现象

事务并发控制不当，可能会产生数据丢失修改、读无效数据、数据不可重复读等数据不一致的现象。

1．丢失修改

丢失数据是指一个事务的修改覆盖了另一个事务的修改，使前一个修改丢失。比如两个事务 T1 和 T2 读入同一数据，T2 提交的结果破坏了 TI 提交的数据，使 TI 对数据库的修改丢失，导致数据库中的数据错误。

2．无效数据的读出

无效数据的读出是指不正确数据的读出。比如事务 T1 将某一值修改，然后事务 T2 读取该值，此后 T1 撤销对该值的修改，这样就导致 T2 读取的数据是无效的。

3．数据不可重复读

在一个事务范围内，两个相同的查询之所以返回了不同数据，是由查询时系统中其他事务修改的提交引起的。比如事务 T1 读取某一数据时后，事务 T2 读取并修改了该数据，那么当 T1 为了对读取值进行检验而再次读取该数据，便得到了不同的结果。

但在应用中为了提高并发度，可以容忍一些不一致现象。例如，大多数业务经适当的调整后可以容忍不可重复读。当今流行的关系数据库系统（如 Oracle、SQL Server 等）是通过事务隔离与封锁机制来定义并发控制要达到的目标的，根据其提供的协议，可以得到几乎任何类型的合理的并发控制方式。

并发控制数据库中的数据资源必须具有共享属性。为了充分利用数据库资源，应允许多个用户并行操作数据库。数据库必须控制这种并行操作，以保证数据在被不同的用户使用时的一致性。

（三）并发控制的实现

并发控制的实现途径有多种。如果数据库管理系统支持，当然最好是运用自身的并发控制能力。如果系统不能提供这样的功能，就可以借助开发工具的支持，可以考虑调整数据库应用程序，有时候还可以通过调整工作模式来避开这种会影响效率的并发操作。

并发控制能力是指多用户同时访问同一数据的能力。一般的关系型数据库都具有并发控制能力，但是这种并发功能也会对数据的一致性带来危险。试想，若有两个用户同时试图访问某个银行用户的记录，并同时要求修改该用户的存款余额，情况将会怎样呢？

四、数据库的恢复

当我们使用一个数据库时，总是希望数据库的内容是可靠的、正确的。但实际上，计算机系统的故障（硬件故障、软件故障、网络故障、进程故障和系统故障等），总会影响数据库系统的操作，影响数据库中数据的正确性，甚至破坏数据库，使数据库中的数据全部或部分丢失。因此，当发生计算机系统故障后，人们希望能尽快恢复到原始数据库的状态或重新建立一个完整的数据库，该处理过程称为数据库的恢复。下面介绍两种恢复方法。

（一）操作系统备份

不管为 Oracle 数据库设计怎样的恢复模式，数据库数据文件、日志文件和控制文件的操作系统备份都是必需的，它是保护介质故障的策略。操作系统备份分为完全备份和部分备份。

1. 完全备份

完全备份可以对构成 Oracle 数据库的全部数据库文件、在线日志文件和控制文件的一个操作系统进行备份。完全备份在数据库正常关闭之后进行，此时构成数据库的全部文件都是关闭的，并与当前数据库状态一致。当数据库打开时不能进行完全备份。由完全备份得到的数据文件在任何类型的介质恢复模式下都是有用的。

2．部分备份

部分备份是指除完全备份外的任何操作系统的备份，可在数据库打开或关闭的状态下进行。如单个表空间中全部数据文件的备份、单个数据文件的备份和控制文件的备份。部分备份仅对在归档日志方式下运行的数据库有用，数据文件可由部分备份恢复，在恢复过程中与数据库其他部分一致。

通过正规备份，并且快速地将备份介质运送到安全的地方，就能使数据库在经历大多数的灾难后仍能恢复。

对于不可预知的物理灾难，一个完备的数据库恢复（重做应用日志）可以使数据库映像恢复到尽可能接近灾难发生时间点的状态。对于逻辑灾难，如人为破坏或者应用故障等，数据库映像应该能够恢复到错误发生前的那一点。

（二）介质故障的恢复

介质故障是指当一个文件、文件的一部分或一块磁盘不能读／写时出现的故障。介质故障的恢复有以下两种形式，由数据库运行的归档方式决定。

1．完全介质恢复

完全介质恢复可恢复全部丢失的修改。但仅当所有必要的日志可用时才能这样做。使用哪种类型的完全介质恢复，主要取决于损坏的文件和数据库的可用性。

（1）关闭数据库的恢复

当数据库可被装配但已关闭，完全不能正常使用时，可进行全部的或单个的损坏数据文件的完全介质恢复。

（2）打开数据库的离线表空间的恢复

当数据库处于打开状态时，完全介质恢复可以对其进行处理。当未损坏的数据库表空间在线时，可以使用完全介质恢复，而当受损空间离线时，其所有数据文件可作为完全介质恢复的单位。

（3）打开数据库的离线表空间的单个数据文件的恢复

当数据库处于打开状态时，完全介质恢复可以对其进行处理。当未损坏的数据库表空间处于在线状态时，也可以使用完全介质恢复；而当受损的表空间处于离线状态时，该表空间指定的单个受损数据文件可被恢复。

（4）使用备份控制文件的恢复

当控制文件的所有复制因磁盘故障而受损时，可使用备份控制文件进行完全介质恢复而不丢失数据。

2．不完全介质恢复

不完全介质恢复是在完全介质恢复不可能或不被要求时进行的介质恢复。可使用不同类型的不完全介质恢复或重构受损的数据库，使其恢复到介质故障前或用户出错前的事务一致性状态。

根据具体受损数据的不同，可采用不同的不完全介质恢复。

（1）基于撤销的不完全介质恢复

在某种情况下，不完全介质恢复必须被控制，数据库管理员可撤销在指定点的操作。可在一个或多个日志组（在线的或归档的）已被介质故障破坏时，使用基于撤销的恢复。介质恢复必须被控制，在使用最近的、未受损的日志组与数据文件后中止恢复操作。

（2）基于时间和基于修改的恢复

如果数据库管理员希望恢复到过去的某个指定点，那么不完全介质恢复就是理想的恢复方式。当用户意外地删除了一个表，并注意到错误操作的估计时间，数据库管理员可立即关闭数据库，利用基于时间的恢复，恢复到用户出现错误之前的时刻。当出现系统故障导致在线日志文件部分被破坏时，所有活动的日志文件将突然不能使用，实例被中止，此时需要利用基于修改的介质恢复。在这两种情况下，不完全介质恢复的终点可由时间点或系统修改号指定。

第三节　数据库的安全保护

目前，计算机大批量数据存储的安全问题、敏感数据的防窃取和防篡改问题越来越引起人们的重视。数据库系统是计算机信息系统的核心部件，数据库文件是信息的聚集体，可见提高数据库的安全性是非常重要的。因此，对数据库中的数据和文件进行安全保护是很有必要的。

一、数据库的安全保护层次

数据库系统的安全除依赖其内部的安全机制外，还与外部网络环境、应用环境、从业人员素质等因素有关。因此，从广义上讲，数据库安全可以划分为三个层次：网络系统层次，操作系统层次，数据库管理系统层次。

（一）网络系统层次

从广义上讲，数据库的安全首先依赖于网络系统。随着互联网的发展和普及，越来越多的公司将核心业务向线上转移，各种基于网络的数据库应用系统纷纷涌现，面向网络用户提供各种信息服务。可以说，网络系统是数据库应用的外部环境和基础，数据库系统要想发挥强大的作用也离不开网络系统的支持，数据库系统的用户（如异地用户、分布式用户）要通过网络才能访问数据库中的数据。网络系统的安全是数据库安全的第一道屏障，外部入侵就是从网络系统开始的。外部入侵是网络入侵者试图破坏信息系统的完整性、保密性或可信任的任何网络活动的集合。

网络系统开放式环境面临的威胁主要有欺骗、重发、报文修改、拒绝服务、陷阱门、特洛伊木马和应用软件攻击等。这些安全威胁是无时无处不在的，因此必须采取有效的措施来保障数据库系统的安全。

（二）操作系统层次

操作系统是大型数据库系统的运行平台，为数据库系统提供了一定程度的安全保护。目前比较常用的操作系统为 Windows NT 和 UNIX，其安全级别通常只能达到 C2 级。操作系统安全性管理的主要安全技术有访问控制安全策略、系统漏洞分析与防范、操作系统安全管理等。

访问控制安全策略用于配置本地计算机的安全设置，包括密码策略、账户策略、审核策略、IP 安全策略、用户权限分配、资源属性设置等，具体体现在用户账户、密码、访问权限、审计等方面。

（三）数据库管理系统层次

数据库系统的安全性在很大程度上依赖于数据库管理系统。如果数据库管理系统的安全机制非常完善，那么数据库系统的安全性能就好。目前，市场上流行的是关系型数据库管理系统，其安全功能较弱，这就导致数据库系统的安全受到一定的威胁。

由于数据库系统在操作系统下都是以文件形式进行管理的，入侵者可以直接利用操作系统的漏洞窃取数据库文件，或者直接利用操作系统工具非法伪造、篡改数据库文件的内容。数据库管理系统层次的安全技术主要用来解决这些问题，即在前面两个层次的系统安全已经被突破的情况下，仍能保障数据库中数据的安全，这就要求数据库管理系统必须有一套强有力的安全机制。对数据库文件进行加密处理是解决该层次安全问题的一种有效的方法。即使数据不慎泄漏或者丢失，也难以被人破译和阅读。

二、数据库审计

在数据库系统中，数据的使用、记录和审计是同时进行的。审计的主要任务是对应用程序或用户使用数据库资源的情况进行记录和审查，一旦出现问题，审计人员就可以通过对审计事件记录进行分析，查出产生问题的原因。因此,数据库审计可以作为保证数据库安全的一种补救措施。

安全系统的审计过程是记录、检查和回顾系统安全相关行为的过程。通过对审计记录的分析,可以明确责任主体,追查违反安全策略的违规行为。审计过程不可省略,审计记录也不可更改或删除。

审计行为会影响数据库管理系统的存取速度和反馈时间,因此必须综合考虑系统的安全性及性能,按需要提供配置审计事件的机制,以允许数据库管理员根据具体系统的安全性和性能需求做出选择。这些可由多种方法实现,如扩充、打开/关闭审计的 SQL(结构化查询语言)语句或使用审计掩码。数据库审计有用户审计和系统审计两种方式。

1. 用户审计

进行用户审计时,数据库管理系统的审计系统会记录所有用户对表和视图进行访问的企图,以及每次操作的用户名、时间、操作代码等信息。这些信息一般都被记录在数据字典中,利用这些信息就可以进行审计分析。

2. 系统审计

系统审计由系统管理员进行,审计内容主要是系统一级命令及数据库客体的使用情况。

数据库系统的审计工作主要包括设备安全审计、操作审计、应用审计和攻击审计等方面。设备安全审计主要审查系统资源的安全策略、安全保护措施和故障恢复计划等;操作审计是对系统的各种操作进行记录和分析;应用审计是指审计建立于数据库上的整个应用系统的功能、控制逻辑和数据流是否正确;攻击审计是指对已发生的攻击性操作和危害系统安全的事件进行检查和审计。

三、数据库的加密保护

大型数据库管理系统的运行平台(如 Windows NT 和 UNIX)一般都具有用户注册、用户识别、任意存取控制、审计等安全功能。虽然数据库管理系统在操作系统的基础上增加了不少安全措施（例如基于权限的访问控制等），但操作系统和数据库管理系统对数据库文件本身仍然缺乏有效的保护措施。有经验的网络黑客也会绕过一些防范措施，直接利用操作系统工具窃取或篡改数据库文件的内容，这种隐患被称为通向数据库管理系统的"隐秘通道"，一般用户难以觉察到它带来的危害。在传统的数据库系统中，数据库管理员的权限很大，既负责各项系统的管理工作（例如资源分配、用户授权、系统审计等），又可以查询数据库中的一切信息。为此，不少系统用各种手段来削弱系统管理员的权限。

对数据库中存储的数据进行加密是一种保护数据安全的有效方法。对数据库中的数据进行加密一般是指在通用的数据库管理系统之上，增加一些加密／解密控件，来完成对数据本身的控制。

与一般通信中数据加密的情况不同，对数据库中存储的数据进行加密，通常不是对数据文件进行加密，而是对记录的字段进行加密。当然，当数据备份到离线的介质上，并且要送到异地保存时，也有必要对整个数据文件进行加密。实现数据库加密以后，各用户（或用户组）的数据由用户使用自己的密钥加密，数据库管理员无法随意对获得的信息进行解密，从而保证了用户信息的安全。另外，通过加密，数据库的备份内容成为密文，从而减少了备份介质失窃或丢失造成的损失。

也许有人认为，对数据库加密会严重影响数据库系统的运行效率，使系统不堪重负，但事实并非如此。在数据库客户端进行数据加密／解密运算，对数据库服务器的负载及系统运行几乎没有影响。比如，在普通 PC 机上，用纯软件实现 DES（数据加密算法）加密算法的速度超过 200KB/s，如果对一篇一万字的文章进行加密，其加密／解密时间仅需 1/10s，用户几乎感觉不到这种时间延迟。目前，加密卡的加密／解密速度一般为 1Mbit/s，对中小型数据库系统来说，这个速度即使是在服务器端进行数据的加密／解密运算也是可行的，因为一般的关系型数据项都不会太长。

（一）数据库加密的要求

一个良好的数据库加密系统应该满足以下一些基本要求。

1. 字段加密

在目前的条件下，加密 / 解密的粒度是每个记录的字段数据。如果以文件或列为单位进行加密，必然会导致密钥的反复使用，从而降低加密系统的可靠性，或者导致密钥因加密 / 解密时间过长而无法使用。只有以记录的字段数据为单位进行加密 / 解密，才能适应数据库的操作要求，同时进行有效的密钥管理，并完成"一次一密钥"的密码加密操作。

2. 密钥动态管理

数据库客体之间隐含着复杂的逻辑关系，一个逻辑结构可能对应着多个数据库物理客体。所以数据库加密不仅密钥量大，组织和存储工作也较为复杂，需要对密钥实行动态管理。

3. 合理处理数据

合理处理数据包括以下几个方面的内容：第一，要恰当地处理数据类型，否则数据库管理系统将会因加密后的数据不符合定义的数据类型而拒绝加载；第二，需要处理数据的存储问题，实现数据库加密后基本不增加空间开销。在目前的条件下，数据库关系运算中的匹配字段（如表间连接码、索引字段等）数据不宜加密。

4. 不影响合法用户的操作

要想不影响合法用户的操作，加密系统对数据操作响应的时间就要尽量短。在现阶段，数据操作响应的平均延迟时间不应超过 1/10s。此外，对数据库的合法用户来说，数据的录入、修改和检索操作应该是透明的，不需要考虑数据的加密 / 解密问题。

（二）数据库加密的有关问题

数据库加密系统首先要解决系统本身的安全性和可靠性问题。在这方面，可以采用以下几项安全措施。

1. 在用户进入系统时进行两级安全控制

这种控制可以采用多种方式来实现，包括设置数据库用户名和密码，或者利用 IC 卡读写器、指纹识别器进行用户身份认证。

2．防止非法复制

对于纯软件系统，可以采用指纹技术防止非法复制。当然，如果每台客户机上都安装了加密卡等硬部件，安全性会更好。此外，应该保留数据库原有的安全措施，如权限控制、备份／恢复和审计控制等。

3．采用安全的数据抽取方式

数据库加密系统提供了两种加密数据的方式。

（1）密文方式卸出

这种卸出方式不需要解密，卸出的数据还是密文。在这种模式下，用户可以直接使用数据库管理系统提供的卸出／装入工具。

（2）明文方式卸出

这种卸出方式需要解密，卸出的数据是明文。在这种模式下，用户可以利用系统专用工具先进行数据转换，再使用数据库管理系统提供的卸出／装入工具。

数据库加密系统将用户对数据库信息具体的加密要求记载在加密字典中，加密字典是数据库加密系统的基础信息，通过调用数据库加密／解密引擎实现对数据库表的加密、解密及数据转换等功能。数据库信息的加密／解密处理是在后台完成的。

加密字典受理程序是指管理加密字典的实用程序，是数据库管理员变更加密要求的工具。加密字典受理程序通过数据库加密／解密引擎实现对数据库表的加密、解密及数据转换等功能。此时，它作为一个特殊客户来使用数据库加密／解密引擎。

数据库加密／解密引擎是数据库加密系统的核心部件，它位于应用程序与数据库服务器之间，负责在后台完成对数据库信息的加密／解密处理，对于应用开发人员和操作人员来说是透明的。

数据加密／解密引擎没有操作界面，在需要时由操作系统自动加载并驻留在内存中，通过内部接口与加密字典管理程序和用户应用程序通信。

数据库加密 / 解密引擎由三大模块组成：数据库接口模块、用户接口模块、加密 / 解密处理模块。其中，数据库接口模块的主要工作是接收用户的操作请求，并将该请求传递给加密 / 解密处理模块；还要代替加密 / 解密处理模块访问数据库服务器，并完成外部接口参数与加密 / 解密引擎内部数据结构之间的转换。加密 / 解密处理模块具有完成数据库加密 / 解密引擎的初始化、内部专用命令的处理、加密字典信息的检索、加密字典缓冲区的管理、SQL（结构化查询语言）命令的加密交换、查询结果的解密处理以及实现加密 / 解密算法等功能，另外还包括一些公用的辅助函数。

按以上方式建立的数据库加密系统具有很多优点：

系统对数据库的最终用户完全透明，数据库管理员可以指定需要加密的数据并根据需要进行明文和密文的转换；系统完全独立于数据库应用系统，不需要改动数据库应用系统就能实现加密功能，同时系统采用了分组加密法和二级密钥管理，实现了"一次一密钥"的加密；系统在客户端进行数据加密 / 解密运算时，不会影响数据库服务器的运行效率，数据加密 / 解密运算基本无延迟感觉。

数据库加密系统能够有效地保证数据的安全，即使黑客窃取了关键数据，其也难以得到所需的信息，因为所有的数据都经过了加密。另外，在对数据库加密以后，可以通过设定，使不需要了解数据内容的系统管理员见不到明文，这样可以大大提高关键性数据的安全性。

第四节　数据的完整性

一、影响数据完整性的因素

保证数据完整性，就是保证网络数据库系统中的数据处于一种完整或未被损坏的状态。数据的完整性意味着数据不会因有意或无意的事件而被改变或丢失。相反，数据完整性的丧失，就意味着发生了导致数据改变或丢失的事件。为此，应首先检查破坏数据完整性的因素，以便采取适当的方法予以解决，从而提高数据的完整性。通常，影响数据完整性的主要因素有硬件故障、软件故障、网络故障、人为威胁和意外灾难等。另外，数据库系统中的数据和存储在硬盘、光盘、软盘中的数据由于各种因素失效（失去原数据功能）也是影响数据完整性的一个方面。

（一）硬件故障

常见的影响数据完整性的硬件故障有硬盘故障、控制器故障、电源故障和存储器故障等。

1. 硬盘故障

硬盘故障是计算机系统运行过程中最常见的问题。硬盘是一种很重要的设备，用户的系统文件、数据和软件等都存放在硬盘上。虽然每个硬盘都有一个平均无故障的时间，但这并不意味着硬盘在近段时间内不会出现故障。当硬盘出现故障时，用户最关心的并非硬盘本身，而是硬盘上存放的数据。

2. 控制器故障

I/O 控制器故障也会导致用户数据丢失。因为 I/O 控制器有可能在某次读写过程中，将硬盘上的数据删除或覆盖。这样的事情其实比硬盘故障更严重，如果是硬盘出现故障，用户还有可能通过修复措施挽救硬盘上的数据；但数据如果完全被删除或覆盖，就没有办法恢复了。虽然 I/O 控制器故障发生的概率很小，但它毕竟存在。

3. 电源故障

电源故障也是导致数据丢失的一种因素。电源故障的产生可能是因为外部电源停止供电或内部电源供电出现问题等，而系统突然断电，会导致某些存储器中的数据丢失。

4. 存储器故障

硬盘、光盘、软盘等外存储器经常因磕碰、振动而出现存储介质表面损坏或其他故障，使数据丢失或无法读出。而这些丢失或无法读出的数据便失去了完整性或可用性。除此之外，设备和其他备份的故障、芯片和主板的故障也会导致数据丢失。

（二）软件故障

软件故障也是威胁数据完整性的一个重要因素。常见的软件故障有软件错误、文件损坏、数据交换错误、容量错误和操作系统错误等。

软件具有安全漏洞是个常见的问题。有的软件出错，就会损坏用户数据。最可怕的事件是当以超级用户权限运行的程序发生错误时，会从根分区开始删除整个硬盘数据。当文件转换过程中生成的新文件格式不正确时，数据的完整性也会受到威胁。

软件运行不正常的另一个原因在于资源容量达到极限。磁盘根分区被占满，将导致操作系统运行不正常，使应用程序出错，从而导致数据丢失。

操作系统普遍存在漏洞，这是众所周知的。此外，系统的应用程序接口（API）被开发商用来为最终用户提供服务。如果这些 API 工作不正常，就会破坏数据的完整性。

（三）网络故障

网络故障通常由网卡和驱动程序问题、网络连接问题等引起。

网卡和驱动程序实际上是不可分割的。多数情况下，网卡和驱动程序故障并不一定损坏数据，只会导致使用者无法访问数据。但当网络服务器网卡发生故障时，服务器通常会停止运行，这就很难确保被打开的那些数据文件不被损坏。

数据在传输过程中，往往会由于互联设备（如路由器、网桥）的缓冲容量不够大引起数据传输阻塞现象，从而导致数据包丢失。相反，这些网络互联设备也可能有较大的缓冲区，而调动较大的信息流量所造成的时延，有可能会导致会话超时。此外，不正确的网络布线也会影响数据的完整性。

（四）人为威胁

人为活动对数据完整性造成的影响是多方面的。人为威胁是指数据的丢失或改变是由操作数据的用户本身引起的。分布式系统中最薄弱的环节就是人为操作环节。

（五）灾难性事件

人们通常所说的灾难性事件有火灾、水灾、风暴、工业事故、蓄意破坏和恐怖袭击等。灾难性事件对数据的完整性有相当大的威胁，如果没有做好备份，产生的损失将是巨大的。

灾难性事件之所以能对数据完整性造成严重的威胁，是因为灾难本身难以预料，特别是那些工业事件和恐怖袭击事件。另外，灾难破坏的是包含数据在内的物理载体本身，所以灾难基本上会将数据全部毁灭。

二、保证数据完整性的方法

（一）保证数据完整性的措施

保证数据完整性最常用的措施是容错技术。常用的恢复数据完整性和防止数据丢失的容错技术有：备份和镜像、归档和分级存储管理、转储、奇偶检验和突发事件的恢复计划等。容错的基本思想是在系统正常运行的基础上，利用外加资源（软硬件冗余）来降低故障的影响或消除故障，从而使系统自动恢复或安全停机。也就是说，容错以牺牲软硬件成本为代价，来达到保证系统的可靠性的目标，如双机热备份系统。

目前，容错技术正朝着以下方向发展：应用芯片技术容错，软件可靠性技术，高性能的分布式容错系统，综合性容错方法的研究等。

（二）系统容错的实现方法

常用的实现系统容错的方法有：空闲备件、负载平衡、镜像、冗余系统配件等。

1. 空闲备件

空闲备件是指在系统中配置的一个处于空闲状态的备用部件，它是提供容错的一条途径。当原部件出现故障时，该部件就取代原部件的功能。比如，将一个旧的低速打印机连在系统上，只有在当前使用的打印机出现故障时，旧打印机才会运作，那么该低速打印机就是系统打印机的一个空闲备件。

空闲备件在原部件出现故障时才起作用，但与原部件不一定相同。

2．负载均衡

另一个实现容错的途径是使两个部件共同承担一项任务，一旦其中一个部件出现故障，另一个部件就将两者的负载全部承担下来。这种方法通常为使用双电源的服务器系统所采用，比如当一个电源出现故障，另一个电源就承担原来两倍的负载。网络系统中常见的负载平衡其实是一种对称多处理。

在对称多处理中，系统中的每一个处理器都能执行系统中的任何工作，即这种系统努力在不同的处理器之间保持负载平衡。因此，对称多处理具有在 CPU 结构的服务器中提供容错的能力。

3．镜像技术

镜像技术是一种常用的实现系统容错的方法。在镜像技术中，两个等同的系统需要完成相同的任务。如果其中一个系统出现故障，另一个系统就会继续工作。这种方法通常用于磁盘子系统中。两个磁盘控制器可以在同样型号磁盘的相同扇区内写入相同的内容。

4．冗余系统配件

冗余系统配件是指在系统中重复配置一些关键性的冗余配件，以增强系统对故障的容错性。增加的冗余系统配件通常有电源、I/O 设备和通道、主处理器等。

第五节　数据备份及数据恢复

在日常工作中，人为操作错误、系统软件或应用软件的缺陷、硬件损毁、计算机病毒、黑客攻击、突然断电、意外宕机、自然灾害等诸多因素都有可能导致计算机中数据的丢失，给企业造成无法估量的损失。因此，数据备份与恢复对企业来说格外重要。

一、数据备份

（一）数据备份的概念

数据备份是指为防止系统出现操作失误或故障导致数据丢失，而将全系统或部分数据集合，并从应用主机的硬盘或阵列中复制到其他存储介质上的过程。计算机系统中的数据备份，通常是指将存储在计算机系统中的数据复制到磁带、磁盘、光盘等存储介质上，在计算机以外的地方另行保管。这样，当计算机的系统、设备发生故障或发生其他威胁数据安全的灾害时，能及时地恢复正确的数据。

数据备份的目的就是在系统数据崩溃时能够快速地恢复数据，使系统迅速恢复运行。其关键在于保障系统的可用性，即在操作失误或系统故障发生后，能够保障系统的正常运行，消除系统使用者的后顾之忧。

数据备份是数据恢复的前提，没有备份，一切恢复都是不可能实现的。从这个意义上说，任何灾难恢复系统实际上都是建立在数据备份的基础上的。现在不少企业也意识到了这一点，并对系统采取了定期检测与维护、双机热备份、磁盘镜像或容错、备份磁带异地存放、关键部件冗余等多种预防措施。企业一般能够通过这些措施进行数据备份，并且能够在系统发生故障后迅速进行系统恢复。

在数据备份和恢复系统对计算机系统中的数据进行备份和脱机保存

后，无论系统中的数据因何事丢失、混乱或出错，企业都可以将备份的数据从备份介质中恢复到系统中，使系统重新工作。数据备份与恢复系统是数据保护措施中最直接、最有效、最经济的方案，也是任何计算机信息系统都不可缺少的一部分。

数据备份是一种以提高数据存储代价来保护数据安全的方法，它对拥有重要数据的大中型企事业单位是非常重要的。开展数据备份和恢复通常是大中型企事业单位的网络系统管理员每天必做的工作之一。对个人计算机用户而言，数据备份也是非常必要的。

传统的数据备份主要是指采用数据内置或外置的磁带机进行冷备份。一般来说，各种操作系统都会附带备份程序。但随着数据量的不断增加和系统要求的不断提高，附带的备份程序根本无法满足实际的数据备份需求。要想对数据进行可靠的备份，必须选择专门的备份软件和硬件，并制订相应的数据备份及恢复方案。

目前，数据备份常用的存储介质如下。

本地磁带：利用大容量磁带备份数据。

本地可移动存储器：利用大容量等价软盘驱动器、可移动等价硬盘驱动器、一次性可刻录光盘驱动器、可重复刻录光盘驱动器等进行数据备份。

本地可移动硬盘：利用可移动硬盘备份大量的数据。

本机多硬盘：本机内装有多块硬盘，利用除安装和运行操作系统、应用程序的硬盘外的其余硬盘进行数据备份。

远程磁带库、光盘库：将数据传送到远程备份中心，制作完整的备份磁带或光盘。

远程关键数据加磁带：采用磁带备份数据，生产机实时向备份机发送关键数据。

远程数据库：在与主数据库所在生产机相分离的备份机上建立主数据库的一个拷贝。

网络数据镜像：对生产系统的数据库数据和所需跟踪的重要目标文件

的更新情况进行监控与跟踪，并将更新日志实时地通过网络传送到备份系统，备份系统则根据日志对磁盘进行更新。

远程镜像磁盘：通过高速光纤通道线路和磁盘控制技术将镜像磁盘延伸到远离生产机的地方，镜像磁盘数据与主磁盘数据完全一致，更新方式为同步或异步。

（二）数据备份的类型

按备份时数据库的状态，数据备份可分为冷备份、热备份和逻辑备份等类型。

1．冷备份

冷备份（也称离线备份）是指在关闭数据库且数据库不能更新的状态下进行的数据库完全备份。备份内容包括所有的数据文件、控制文件、联机日志文件等。因此，在进行冷备份时，数据库将不能被访问。冷备份通常只采用完全备份的方式。

2．热备份

热备份是指在数据库处于运行状态下进行的对数据文件和控制文件的备份。要使用热备份，必须使数据库在归档方式下运行。因此，在进行热备份的同时，可以对数据库进行正常的各种操作。

3．逻辑备份

逻辑备份是最简单的备份方法，可按数据库中某个表、某个用户或整个数据库对需要备份的数据进行导出。要使用这种方法，数据库必须处于打开状态，如果数据库处于非运行状态，将不能保证导出的数据的一致性。

（三）数据备份方式

需要进行数据备份的部门都要先制定数据备份策略。数据备份策略包括确定需要备份的数据内容（如要进行完全备份、增量备份、差异备份还是按需备份）、备份类型（如采用冷备份还是热备份）、备份周期（如以月、周、日为备份周期，还是以小时为备份周期）、备份方式（如采用手工备份还是自动备份）、备份介质（如用光盘、硬盘、磁带备份，还是用优盘备份）和备份介质如何存放等。下面是按不同数据内容划分的几种备份方式。

1．完全备份

所谓完全备份，就是按备份周期（如一天）对整个系统的所有文件（数据）进行备份。这种备份方式比较流行，也是保证系统数据安全性的最简单的方法，操作起来也很方便。有了完全备份，便可恢复网络系统的所有信息，恢复操作也可一次性完成。比如发现数据丢失时，只要用故障发生前一天备份的一盘磁带，即可恢复丢失的数据。

这种方式的不足之处是由于每天都对系统进行完全备份，备份数据中必定有大量的内容是重复的，这些重复的数据占用了大量的磁带空间，这对用户来说就意味着增加了备份成本；另外，由于进行完全备份时需要备份的数据量相当大，备份所需时间较长。对那些业务繁忙、备份时间有限的单位来说，选择这种备份方式是不合适的。

2．增量备份

所谓增量备份，是指每次备份的数据只是上一次备份后增加的和修改过的内容，即备份的都是已更新的数据。比如，系统在星期日做了一次完全备份，然后在以后的六天里，每天只对当天更新的或修改过的数据进行备份。这种备份方式的优点很明显，即没有或减少了重复的备份数据，既节省了存储介质空间，又缩短了备份时间。它的缺点是恢复数据的过程比较麻烦，不可能一次性地完成整体数据的恢复。

3．差异备份

差异备份也是在完全备份后对新增加或修改过的数据进行备份，它与增量备份的区别是它每次都对上次完全备份后更新过的数据进行备份。比如，在星期日进行完全备份后，其余六天中的每一天，都对当天所有与星期日完全备份时不同的数据进行备份。差异备份可以节省备份时间和存储介质空间，只需两盘磁带（星期日备份磁带和故障发生前一天的备份磁带）即可恢复数据。差异备份兼具完全备份恢复数据较方便的优点和增量备份节省存储介质空间及备份时间的优点。

完全备份所需的时间最长，占用的存储介质容量最大，但数据恢复时间最短，操作最方便，当系统数据量不大时采用完全备份方式最可靠；但当数据量增大时，很难每天都做完全备份，因此企业可以选择在休息日做完全备份，在其他时间采用备份所需时间最少的增量备份。在实际工作中，企业通常也是根据具体情况综合使用这几种备份方式，如在年底、月底、周末做完全备份，而每天做增量备份或差异备份。

4. 按需备份

除以上备份方式外，还可以随时根据所需对数据进行有选择的备份，这种备份方式为按需备份，即除正常备份外额外进行的备份操作。按需备份可以有许多理由，比如只想备份几个文件或目录，或备份服务器上所有的必需信息，以便进行更安全的系统升级等操作。这样的备份方式在实际中经常遇到，它可以弥补冗余管理或长期转储的日常备份的不足。

二、数据恢复

数据恢复是指将已经备份到存储介质上的数据，恢复到计算机系统中，它与数据备份是一个相反的过程。

数据恢复在整个数据安全保护中占有相当重要的地位，因为它关系到系统在经历灾难后是否能够迅速恢复运行。

通常，在遇到下列情况时应使用数据恢复功能恢复数据：当硬盘数据被破坏时；当需要查询以往年份的历史数据，而这些数据已从现在的系统上清除时；当系统需要从一台计算机转移到另一台计算机上运行时，可将需要的数据复制到新计算机的硬盘上。

（一）恢复数据时的注意事项

恢复数据的操作是覆盖性的，即会覆盖系统中的所有数据，不正确的恢复可能会破坏硬盘中的最新数据，因此在进行数据恢复前，用户应先将硬盘中的原有数据进行备份。

进行恢复操作时，用户应指明恢复何年何月的数据。当开始恢复数据时，系统会首先识别备份介质上标识的备份日期是否与用户选择的日期相同，如果不同系统将提醒用户更换备份介质。

不要在恢复过程中关机、关电源或重新启动机器。

不要在恢复过程中打开驱动器开关或抽出软盘、光盘，除非系统提示换盘。

（二）数据恢复的类型

一般来说，数据恢复的操作比数据备份的操作更容易出问题。数据备份只是将信息从磁盘中复制出来，数据恢复则要在目标系统上创建文件。在创建文件时会出现许多差错，如超过容量限制、权限问题和文件覆盖错误等。用户进行数据备份操作时不需要知道太多的系统信息，只复制指定信息就可以了；而用户进行数据恢复操作时则需要知道哪些文件需要恢复，哪些文件不需要恢复等。

数据恢复操作通常可以分为三类：全盘恢复、个别文件恢复和重定向恢复。

1．全盘恢复

全盘恢复就是将备份到介质上的指定系统信息全部转储到原来的地方。全盘恢复一般应用在服务器发生意外灾难导致的数据全部丢失、系统崩溃或是有计划的系统升级、系统重组等情况之下，也称为系统恢复。

2．个别文件恢复

个别文件恢复就是将个别已备份的最新版文件恢复到原来的地方。对大多数备份来说，这是一种相对简单的操作。个别文件恢复要比全盘恢复常用得多。利用网络备份系统的恢复功能，可以很容易地恢复受损的个别文件（数据）。用户需要恢复个别文件时只需要浏览备份数据库或目录，找到该文件（数据），启动恢复功能，系统就能自动驱动存储设备，加载相应的存储媒体，恢复指定文件（数据）。

3．重定向恢复

重定向恢复是将备份的文件（数据）恢复到另一个不同的位置或系统

上，而不是将它们恢复到进行备份操作时的位置。重定向恢复可以恢复整个系统，也可以恢复个别文件。用户在进行重定向恢复前需要慎重考虑，要确保系统或文件恢复后的可用性。

第六节　网络备份系统

一、单机备份和网络备份

数据备份对使用计算机的人来说并不陌生，每个人都可能备份过一些重要文件。早期的数据备份通常采用单个主机（内置或外置）的磁带机或磁盘机对数据进行冷备份。这种备份方式在数据量不大、操作系统简单、服务器数量少的情况下，既经济又简单实用。但随着网络技术的发展和广泛应用，以及数据量的爆炸性增长，这种备份方式越来越不适用于网络系统环境，并产生了诸多不利之处。比如：数据分散在不同的机器、不同的应用上，管理分散，安全得不到保障；难以实现数据库数据的高效在线备份；备份时维护人员不能离开，工作效率低；存储介质管理难度大，数据丢失现象难以避免；灾难给系统重建和业务数据运作带来了困难。

网络系统备份不仅可以备份系统中的数据，还可以备份系统中的应用程序、数据库系统、用户设置、系统参数等信息，从而能迅速恢复整个系统。网络系统备份是全方位、多层次的备份，但并非在所有情况下都要备份系统中的全部信息，因为有些应用只需对系统中的重要数据进行备份即可。数据备份主要对系统中的重要数据（特别是数据库）进行备份。

在备份过程中，如果只需要管理一台计算机，进行单机备份，那么备份就很简单。但如果需要管理多台计算机或一个网段，甚至整个企业网，备份就是一件非常复杂的事情。数据备份的核心是数据库备份，目前流行的数据库系统均有自己的数据库备份工具，但它们不能实现自动备份，通常只能将数据备份到磁带机或硬盘上，而不能驱动磁带库等自动加载设备。

采用具有自动加载功能的磁带库硬件产品与具有数据库在线备份功能的自动备份软件，即可满足用户的需求。目前流行的备份软件都具有自动定时备份管理、备份介质自动管理、数据库在线备份管理等功能。备份数据可以在每个备份客户机上按需恢复，也可以在同平台上按用户权限交叉恢复，而备份操作可以采用集中自动执行或手动执行的方式进行。

理想的备份系统应该是全方位的、多层次的。比如，使用网络存储备份系统和硬件容错相结合的方式，就可以恢复因硬件故障、软件故障或人为错误而损坏的数据。这种方式能够对系统进行多级保护，既可以防止物理损坏，又能较好地防止逻辑损坏。网络备份系统的目的是尽可能快地全面恢复运行计算机系统所需的数据和系统信息。网络备份系统对整个网络的数据进行管理，既要在系统或人为故障造成系统数据损坏或丢失后，及时地实现数据恢复，又要在发生地域灾难时，及时地在本地或异地实现数据及整个系统的灾难恢复。

网络备份不仅指网络上各计算机的文件备份，还指包括整个网络系统在内的一套备份体系。该体系的内容包括：文件备份和恢复，数据库备份和恢复，系统灾难恢复和备份任务管理等。

二、网络备份系统的组成

所有的数据都可以备份到与备份服务器或应用服务器相连的一台备份介质中。一个网络备份系统由目标、工具、存储设备和通道四个部件组成。

（一）目标

目标是指被备份或恢复的系统。一个完整的自动备份系统，要在目标中运行一个备份客户程序。该程序允许客户远程对目标进行相应的文件操作，这样可以实现集中式、全自动的备份。

（二）工具

工具是指执行备份或恢复任务的系统。工具提供了一个集中管理控制的平台，管理员可以利用该平台去配置整个网络备份系统。通常所说的网络备份服务器就是一种工具。

（三）存储设备

存储设备就是保存备份数据的地方，通常有磁带、磁盘等。存储设备和工具可以在一台机器中，也可以在不同的机器中。

（四）通道

通道是指将存储设备与网络计算机连接在一起的线路和接口等。通道作为目标、工具与存储设备之间的逻辑通路，为备份数据或恢复数据提供通道。

网络备份系统可以实现对数据的备份和恢复。前者就是利用工具将目标备份到存储设备中；后者就是利用工具将存储设备中的数据恢复到目标中。

一个完整的网络备份系统包括备份计划、备份管理及操作员、网络管理系统、主机系统、目标系统、工具系统、存储设备及其启动程序、通道和外围设备等。实际的网络备份系统通常是由物理主机系统、逻辑主机系统、I/O总线、外围设备、设备驱动程序、备份存储介质、备份计划文档、操作执行者、物理目标系统、逻辑目标系统、网络连接、网络协议等组成的。

三、网络备份系统方案

在谈到数据备份时，总是有人认为只要将数据复制后保存起来，就可以确保数据的安全。其实这是对备份的误解，因为通过复制根本无法完成对历史记录的追踪，也无法完全保留系统信息。这样做只能是在系统完好的情况下，对部分数据进行恢复。

实际上，备份的目的不仅是保护数据，还包括在系统遇到人为或自然灾难时，能够通过备份内容对系统进行有效恢复。所以，在考虑备份选择时，要选择能够实现自动化及跨平台的备份方案，以满足用户的全面需求。因此，备份不等于单纯的复制，管理也是备份的重要功能。管理包括备份的可计划性、磁带机的自动化操作、历史记录以及日志记录的保存等。正是因为有了这些先进的管理功能，用户在恢复数据时才能掌握系统信息和历史记录，真正实现轻松和可靠的备份。一个完整的网络备份和灾难恢复方案应包括备份硬件、备份软件、备份计划和灾难恢复计划四个部分。

（一）备份硬件

一般说来，丢失数据有三种原因：人为错误、系统漏洞与病毒影响、设备失灵。目前比较流行的硬件备份解决方法包括硬盘存储、光学介质备份和磁带 / 磁带机存储备份。与磁带机存储技术和光学介质备份相比，硬盘存储所需的费用是极其昂贵的。磁盘存储技术虽然可以提供容错性解决方案，但却不能防止用户的错误操作和抵御各类病毒。因此，将磁盘作为备份介质，并不是最佳选择。

与硬盘备份相比，虽然光学介质备份提供了比较经济的存储解决方案，但它们的访问时间要比硬盘长几倍（通常为二至六倍），而且容量相对较小。因此，当以这种方式备份大容量数据时，所需光盘数量较多，虽保存时间较长，但整体可靠性较低。所以，光学介质也不是大容量数据备份的最佳选择。利用磁带 / 磁带机进行大容量信息备份，有容量大、可灵活配置、速度相对适中、介质保存长久（存储时间超过三十年）、成本较低、数据安全性高、可实现无人操作的自动备份等优势。所以一般来说，磁带设备是有大容量网络备份需求的用户的主要选择。

（二）备份软件

可能大多数用户还没有意识到备份软件的重要性，其重要原因是许多人对备份知识和备份手段缺乏了解。人们通常只知道网络操作系统附带的备份功能，而对如何正确使用专业的备份软件知之甚少。

备份软件主要分为两大类：一是各个操作系统在自身软件内附带的备份功能（比如 NetWare 和 Windows NT 等操作系统中的备份功能），二是各个专业厂商提供的全面的专业备份软件。

对于备份软件，不仅要注重其使用方便、自动化程度高等特点，还要关注它的扩展性和灵活性。同时，跨平台的网络数据备份软件还需满足用户在数据保护、系统恢复和病毒防护等方面的需求。专业的备份软件配合高性能的备份设备，能够使损坏系统迅速得到恢复。

（三）备份计划

灾难恢复的先决条件是要做好备份策略及恢复计划。日常备份计划主要描述每天的备份以什么方式进行、使用什么介质、在什么时间进行以及系统备份方案的具体实施细则。在计划制订完毕后，用户应严格按照程序进行日常备份，否则将无法达到备份的目的。在备份计划中，选择数据备份方式是最重要的。目前的备份方式主要有完全备份、增量备份和差异备份。用户应该根据自身的业务以及对备份内容和灾难恢复的要求，进行不同的选择，也可以将这几种备份方式加以组合应用，以得到更好的效果。

（四）灾难恢复计划

灾难恢复措施在整个备份系统中占有相当重要的地位。因为它关系到系统、软件与数据在经历灾难后能否快速、准确地恢复。全盘恢复一般在服务器发生意外灾难，导致数据全部丢失、系统崩溃或是有计划的系统升级、系统重组等情况下应用全盘恢复也称为系统恢复。此外，有些厂商还推出了拥有单键恢复功能的磁带机，用户只需用系统盘引导机器启动，将磁带插入磁带机，按一个按键即可恢复整个系统。

第四章 计算机病毒防治技术

"计算机网络病毒"即"网络病毒",其实质为"计算机病毒"。计算机病毒与计算机网络病毒实质上都是人为编写的,在计算机程序中插入的一段破坏计算机功能或者数据的代码或程序,但其与计算机病毒在概念(或定义)、特点、类型及防治技术上有所区别。本章将以"计算机病毒防治技术"为题,在简要介绍计算机病毒与计算机网络病毒的概念(或定义)、特点、类型的基础上,对几种典型的计算机病毒及其防治技术进行分析,并探讨病毒、反病毒技术的发展情况。

第一节 计算机病毒概述

一、计算机病毒的概念

"计算机病毒"与医学上的"病毒"不同,它是根据计算机软硬件固有的弱点而编制的具有特殊功能的程序。由于这种程序具有传染性和破坏性,与医学上的"病毒"有相似之处,人们习惯上将这些"具有特殊功能的程序"称为"计算机病毒"。

20世纪80年代,美国人弗雷德·科恩在其著名论文《计算机病毒》中首先提出了关于"计算机病毒"的概念。

从广义上讲,凡是能够引起计算机故障、破坏计算机数据的程序均可统称为计算机病毒。1994年2月18日,我国正式发布并实施了《中华人民共和国计算机信息系统安全保护条例》(以下简称《条例》)。该《条例》

第二十八条中明确指出，计算机病毒是指编制或者在计算机程序中插入的破坏计算机功能或者毁坏数据，影响计算机使用，并能自我复制的一组计算机指令或者程序代码。此定义具有法律性、权威性。

二、计算机病毒的特点

通常认为，计算机病毒（以下简称"病毒"）的主要特点是传染性、隐蔽性、潜伏性、破坏性（表现性）、不可预见性、可触发性、针对性、寄生性（依附性）。

（一）传染性

这是病毒的基本特征。计算机病毒会通过各种渠道从已被感染的计算机扩散到未被感染的计算机，被感染的计算机会工作失常甚至瘫痪。计算机病毒代码一旦进入计算机并得以执行，就会搜寻其他符合传染条件的程序或存储介质，确定目标后再将自身代码植入其中，达到自我繁殖的目的。

计算机病毒可以通过各种可能的渠道传染给其他计算机，如软盘、计算机网络。是否具有传染性是判别一个程序是否为计算机病毒的最重要条件。

病毒具有正常程序的一切特性，它隐藏在正常程序中。当用户调用正常程序时，病毒会先于正常程序执行并窃取到系统的控制权。病毒的动作、目的对用户而言是未知的，是未经用户允许的。

（二）隐蔽性

病毒通常附在正常程序或磁盘中较隐蔽的地方，有的病毒也会以隐含文件的形式出现，目的是不让用户发现它的存在。如果不经过代码分析，病毒程序与正常程序是不容易被区别开来的。在没有防护措施的情况下，受到感染的计算机通常仍能正常运行，用户不会感到任何异常。大部分病毒代码设计得非常短小，一般只有几百或几千字节。

计算机病毒的源程序可以是一个独立的程序体，源病毒经过扩散生成的再生病毒往往采用附加和插入的方式隐藏在可执行程序和数据文件中，采取分散和多处隐藏的方式；而当有病毒潜伏的程序体被合法调用时，病毒程序也会随之合法进入，并将分散的程序在其非法占用的存储空间内进行重新装配，构成一个完整的病毒体并投入运行。

（三）潜伏性

大部分病毒在感染系统后，会长期隐藏在系统中，悄悄地繁殖和扩散而不被用户发觉，只有在满足特定条件时才启动其表现（破坏）模块。只有这样，它才可以达到长期隐藏、偷偷扩散的目的。

（四）破坏性（表现性）

任何病毒只要侵入系统，就会对系统及应用程序产生不同程度的影响。轻则降低计算机的工作效率，占用系统资源，重则导致系统崩溃，根据病毒的这一特性可将病毒分为良性病毒与恶性病毒。良性病毒可能只显示一些画面或无聊的语句，或者根本没有任何破坏动作，但会占用系统资源，这类病毒表现得较为温和。恶性病毒则有明确的目的，或破坏数据、删除文件，或加密磁盘、格式化磁盘，甚至造成不可挽回的损失。表现和破坏是病毒的最终目的。

（五）不可预见性

从对病毒的检测方面来看，病毒还有不可预见性。不同种类的病毒，代码千差万别，但有些操作是共有的（如驻留内存、修改中断等）。有些人利用病毒的这种共性，制作了声称可以查找到所有病毒的程序。这种程序的确可以查出一些新病毒，但由于目前的软件种类极多，且某些正常程序也使用了类似病毒的操作，甚至借鉴了某些病毒技术，使用查找程序对病毒进行检测，势必会造成较多的误报情况。而且，病毒的制作技术也在不断地提高，病毒对反病毒软件而言永远是超前的。

（六）可触发性

病毒因某个事件或数值的出现而实施感染或进行攻击的特性称为可触发性。病毒既要隐蔽起来又要维持攻击力，这一特性决定其必须具有可触发性。

病毒的触发机制主要用于控制感染和破坏动作的频率。计算机病毒一般都有一个触发条件，它可以按照设计者的要求在某个点上被激活并对系统发起攻击。病毒的触发条件有以下几种。

1. 以时间为触发条件

病毒程序会读取计算机系统内部的时钟，当读取到的时间满足设计的时间时，病毒便开始运行。

2. 以计数器为触发条件

设计者会在病毒程序内部设定一个计数单元，当其满足设计者设置的特定值时病毒就会运行。

3. 以特定字符为触发条件

当用户输入某些特定字符时病毒就会运行。

（七）针对性

病毒有一定的环境要求，并不一定能感染任何系统。

（八）寄生性（依附性）

病毒程序在嵌入宿主程序之后，依赖宿主程序的执行而生存，这就是计算机病毒的寄生性（依附性）。病毒程序在侵入宿主程序后，一般会对宿主程序进行一定的修改，宿主程序一旦执行，病毒程序就会被激活，从而进行自我复制。

三、计算机病毒的分类

按照计算机病毒的特点，可从不同角度对计算机病毒进行分类。计算机病毒的分类方法有许多种，对同一种病毒可能有多种不同的分类方法。

本节主要从破坏程度、传染方式、算法、链接方式和传播媒介五个角度对计算机病毒进行如下分类。

（一）基于破坏程度分类

基于破坏程度进行分类是最流行、最科学的分类方法之一。按照此种分类方法，计算机病毒可以分为良性病毒和恶性病毒。

1. 良性病毒

良性病毒是指病毒中不含有立即对计算机系统产生直接破坏作用的代码。这类病毒为了表现其存在，只是不停地进行扩散，从一台计算机扩散到另一台计算机。虽然它不破坏计算机内的数据，却会造成计算机程序工作的异常。

良性病毒取得系统控制权后，会导致整个系统运行效率降低，可用内存容量减少，某些应用程序不能运行；它会与操作系统和应用程序争抢 CPU 的控制权，有时还会导致整个系统被锁死，给正常操作带来麻烦。有时系统内还会出现几种病毒交叉感染的现象，即一个文件不停地反复被几种病毒感染。常见的计算机良性病毒有"小球 Ping Pang"病毒、"维也纳"病毒等。

2. 恶性病毒

恶性病毒中包含破坏计算机系统操作的代码，在传染或发作时会对系统产生直接的破坏作用。感染恶性病毒后的计算机一般没有异常表现，因为恶性病毒会将自己隐藏得更深，但是一旦发作，就会破坏计算机数据、删除文件，有的甚至会对硬盘进行格式化，造成整个计算机的瘫痪。等人们察觉时，其已经对计算机数据或硬件造成了破坏，由此产生的损失将难以挽回。恶性病毒是很危险的，应当注意防范。

（二）基于传染方式分类

按照传染方式的不同，计算机病毒可分为引导型病毒、文件型病毒和混合型病毒三种。

1. 引导型病毒

引导型病毒是指寄生在磁盘引导区或主引导区的计算机病毒。该病毒在开机启动后系统引导时出现，它先于操作系统运行，依靠的环境是BIOS 中断服务程序。引导区是磁盘的一部分，它在开机启动时控制计算机系统。引导型病毒正是利用操作系统的引导区位置固定，且控制权的转交方式以物理地址为依据而不是以引导区的内容为依据这一特点，对真正的引导区的内容进行转移或替换，待病毒程序被执行后，再将控制权交给真正的引导区的内容，使这个带病毒的系统看似在正常运转，而实际上该病毒已经隐藏在系统中等待传染和发作。

引导型病毒按其寄生对象的不同，又可分为主引导区病毒和引导区病毒。主引导区病毒寄生在硬盘分区主引导程序所占据的硬盘 0 磁头 0 柱面 1 扇区中，如"石头"病毒。引导区病毒寄生在硬盘逻辑 0 扇区或软盘逻辑 0 扇区，如"小球 Ping Pang"病毒。主引导区病毒和引导区病毒的发作原理基本相同，在这里只介绍引导区病毒的发作原理。

引导型病毒通常分为两部分：第一部分放在磁盘引导区中；另一部分和原引导记录放在磁盘上的几个连续簇中，这些簇在文件分配表 FAT 中被做上了坏簇的标记，使其不被覆盖而永久地驻留在磁盘中。当开机启动时，磁盘引导区的病毒程序会被读入内存，引导区的病毒程序得到系统控制权后会加载两个隐含的系统文件以完成启动。如果是染上病毒的盘，读到内存的则是病毒程序的第一部分，病毒得到控制权后会修改内存可用空间的大小，在高端内存中开辟出一块区域，并把第一部分移至该区域；接着读入放在磁盘坏簇中的另一部分病毒程序，并和第一部分病毒程序拼起来，使病毒程序全部驻留在高端内存中，以防在运行其他程序时被覆盖；然后，修改 INT I3H 的中断向量或其他中断向量，使其指向病毒程序，这时才把原引导程序读入内存，并把控制权交给它，由它来完成系统的启动。由于修改了中断向量，病毒程序在计算机的运行中经常能得到 CPU 的控制权。这样，在读 / 写盘或产生其他中断时，病毒就可以发作并对系统进行破坏。

2. 文件型病毒

文件型病毒依靠可执行文件来传播，即通常感染文件扩展名为 com 和 exe 的文件。文件型病毒存放在可执行文件的头部或尾部。目前，绝大多数的病毒都属于文件型病毒。

文件型病毒将病毒的代码加载到运行程序的文件中，计算机只要运行该程序，病毒就会被激活、被引入内存，占领 CPU 并得到控制权。病毒会在磁盘中寻找未被感染的可执行文件，将自己放在其首部或尾部，并修改文件的长度使病毒程序合法化。此外，它还能修改该程序，使该文件执行前首先挂靠病毒程序，在病毒程序的出口处再跳向源程序开始处，这样就使该执行文件成为新的病毒源。已感染病毒的文件会减缓执行速度或完全无法执行，有些已感染的文件甚至一执行就会被删除。

文件型病毒按照传染方式的不同，又分成非常驻型、常驻型和隐形文件型三种。

（1）非常驻型病毒

非常驻型病毒将自己寄生在扩展名为 com、exe 或是 sys 的文件中，当已感染病毒的程序被执行时，该病毒就会传染给其他文件。

（2）常驻型病毒

常驻型病毒躲藏在内存中，会对计算机造成更大的伤害，它进入内存后，只要文件被执行，就会迅速感染其他文件。

（3）隐形文件型病毒

隐形文件型病毒把自己植入操作系统，当程序向操作系统发出中断服务的指令时，它就会感染这个程序，而且没有任何表现。

引导型病毒的破坏性较大，但数量较少，直到 20 世纪 90 年代中期，文件型病毒还是最流行的病毒。随着微软公司文字处理软件的广应用以及互联网的普及，又出现了一种新的计算机病毒——宏病毒。宏病毒可以算作文件型病毒的一种，已占目前全部病毒数量的百分之八十以上，它是发展最快的病毒，还可以衍生出各种变种病毒。

3. 混合型病毒

混合型病毒通过技术手段把引导型病毒和文件型病毒组合为一个整体，使之兼具引导型病毒和文件型病毒的特征，以两者相互促进的方式对文件进行传染。这种病毒既可以传染引导区，又可以传染可执行文件，提高了病毒的传染率以及存活率。不管以哪种方式传染，只要用户进入计算机，该病毒就会经开机或执行程序而感染其他磁盘或文件，从而使病毒的传播范围更广，更难以被清除干净。如果只将病毒从被感染的文件中清除掉，当系统重新启动时，病毒又会从硬盘引导记录进入内存，使文件被重新感染；如果只将隐藏在引导记录里的病毒消除掉，当运行文件时，引导记录又会被重新感染。

（三）基于算法分类

按照计算机病毒特有的算法，可以将其划分为伴随型病毒、蠕虫型病毒和寄生型病毒。

1. 伴随型病毒

伴随型病毒并不改变文件本身，而是根据算法产生扩展名为 exe 的文件的伴随体，与文件具有同样的文件名和不同的扩展名，例如 CCR.exe 文件的伴随体是 CCR.com。

2. 蠕虫型病毒

蠕虫型病毒通过计算机网络进行传播（根据计算机的网络地址，从一台机器的内存传播到其他机器的内存），不改变文件和资料信息。蠕虫病毒除了内存外，一般不占用其他资源。

3. 寄生型病毒

除伴随型病毒和蠕虫型病毒之外的其他病毒均可称为寄生型病毒。它们依附在系统的引导区或执行文件中，通过系统的功能进行传播。寄生型病毒按算法又可以分为练习型病毒、诡秘型病毒和变形病毒。

（1）练习型病毒

练习型病毒自身包含错误，不能很好地传播，例如一些处在调试阶段的病毒。

（2）诡秘型病毒

诡秘型病毒一般不直接修改 DOS 中断和扇区数据，而是通过设备技术和文件缓冲区等 DOS 内部命令进行修改。因为该病毒使用比较高级的技术，所以不易被清除。

（3）变形病毒

变形病毒又称幽灵病毒，这种病毒因使用了比较复杂的算法，每一次传播都具有不同的内容和长度。

（四）基于链接方式分类

按照病毒的链接方式，可以将计算机病毒分为源码型病毒、入侵型病毒、外壳型病毒和操作系统型病毒。

1．源码型病毒

源码型病毒的攻击目标是源程序。在源程序被编译之前，将病毒代码插入源程序；在源程序被编译之后，病毒会变成合法程序的一部分，成为以合法身份存在的非法程序。源码型病毒比较少见，在编写时要求源码病毒所用语言必须与被攻击的源码程序所用语言相同。

2．入侵型病毒

入侵型病毒可用自身代替宿主程序中的部分模块或堆栈区，因此这类病毒只攻击某些特定程序，针对性较强。这种病毒的编写也很困难，因为病毒遇见的宿主程序千变万化，而病毒要在不了解宿主程序内部逻辑的情况下，将宿主程序拦腰截断，插入病毒代码，还要保证病毒程序的正常运行。该病毒一旦侵入程序体便较难被消除。如果同时采用了多态性病毒技术、超级病毒技术和病毒隐藏技术，将给当前的反病毒技术带来严峻的挑战。

3．外壳型病毒

外壳型病毒将自己附在宿主程序的头部或尾部，相当于给宿主程序增加了一个外壳，但不修改宿主程序。这种病毒最为常见，易于编写，也容易被发现，通过测试文件的大小即可被发现。大部分文件型病毒都属于这一类。

4．操作系统型病毒

这种病毒用自己的程序加入或取代部分操作系统进行工作，具有很强的破坏性，可以导致整个系统瘫痪。"圆点"病毒和"大麻"病毒就是典型的操作系统型病毒。这种病毒在运行时，会用自己的逻辑部分取代操作系统的合法程序模块，对操作系统进行破坏。

（五）基于传播媒介分类

按照病毒传播的媒介，可以将计算机病毒分为网络病毒和单机型病毒。

1．网络病毒

网络病毒通过计算机网络传播并感染网络中的可执行文件。这种病毒的传染能力强，破坏力大。

2．单机型病毒

单机型病毒的载体是磁盘，常见的传染方式是病毒从软盘传入硬盘，使系统感染，然后传染其他软盘，再由软盘传染其他系统。

四、计算机病毒的工作原理

计算机病毒本身就是一级计算机指令或程序代码，一般由三个基本部分组成，即引导部分、传染部分和破坏部分。

（一）引导部分

引导部分是病毒的初始化部分，它随宿主程序的执行进入内存，负责病毒的初始化及组装工作，如进行环境初始化、引入传染部分和破坏部分等。

（二）传染部分

传染部分依附在引导部分后面，作用是将病毒程序传染到目标上。但是在尚未进入内存前，传染部分会处于静止状态，不具备传染性。传染部分只有进入内存并被激活后，才由静止状态转为活动状态，并开始向外进行病毒传播。

（三）破坏部分

破坏部分也依附在引导部分后面，是实现病毒制造者破坏意图的部分。它同传染部分一样，在尚未进入内存前或者不满足触发条件时，处于静止状态，不具备破坏性。而它一旦进入内存并满足触发条件，就会开始发作，破坏被传染的系统，或者在被传染的系统上表现出特定的现象。

总之，当计算机执行病毒所依附的程序时，病毒程序就获取了对计算机的控制权，开始执行它的引导部分，然后在触发条件得到满足后，调用传染部分和破坏部分。通常情况下，传染条件容易满足，因此病毒的传染比破坏来得容易。在病毒的破坏条件未被满足时，病毒处于潜伏状态。

第二节　计算机网络病毒概述

一、计算机网络病毒

（一）计算机网络病毒的定义

计算机网络病毒是计算机病毒的一种，传统的网络病毒是指利用网络进行传播的一类病毒的总称。网络成了传播病毒的通道，使病毒从一台计算机传播到另一台计算机，然后传遍连接网络的全部计算机。如果发现网络中有一个站点感染病毒，那么其他站点也会有类似病毒。一个网络系统只要有入口点，那么就很有可能感染上网络病毒，使病毒在网络中传播扩散，甚至破坏系统。

严格来说，网络病毒是以网络为平台，能在网络中传播、复制，能破坏网络系统的计算机病毒，像网络蠕虫病毒等威胁到计算机、计算机网络正常运行和安全的病毒才可以算作计算机网络病毒。网络病毒与单机病毒有较大区别。计算机网络病毒专门通过网络协议（如 TCP/IP、FTP、UDP、HTTP、SMTP 和 POP3 等）进行传播，它们通常不修改系统文件或硬盘的引导区，而是感染客户计算机的内存，强制这些计算机向网络发送大量信息，导致网络速度下降甚至网络完全瘫痪。由于网络病毒保留在内存中，传统的基于磁盘的文件扫描方法通常无法检测到它们。

（二）计算机网络病毒的传播方式

互联网技术的进步给许多网络攻击者提供了一条便捷的攻击路径，他们利用网络传播病毒攻击网络系统，破坏性和隐蔽性更强。一般来说，计算机网络的基本构成包括网络服务器和网络节点（包括有盘工作站、无盘工作站和远程工作站）。病毒在网络环境下的传播，实际上是按"工作站—服务器—工作站"的方式进行的循环传播。计算机病毒一般先通过有盘工作站的软盘或硬盘进入网络，然后开始在网络中传播。

具体地说，其传播方式有以下几种。

病毒直接从有盘工作站复制到服务器中。病毒先感染工作站，在工作站内存驻留，等计算机运行网络盘内程序时再感染服务器，一般通过影像路径传染到服务器中。如果远程工作站被病毒侵入，病毒也可以通过通信中数据的交换进入网络服务器。

计算机网络病毒的传播和攻击主要通过两个途径来实现，即用户邮件和系统漏洞。所以，网络用户一方面要增强自身的网络安全意识，对陌生的电子邮件和网站提高警惕；另一方面要及时进行系统升级，以提高系统对病毒的防范能力。

随着互联网的发展，计算机网络病毒的传播速度明显加快，传播范围也开始从区域化走向全球化。新一代计算机网络病毒主要通过电子邮件、网页浏览、网络服务等网络途径传播，传播速度极快，发生频率更高，防御更难，往往在用户找到解决办法前，就已经造成严重危害。

二、计算机网络病毒的特点

从计算机网络病毒的传播方式可以看出，计算机网络病毒除具有一般病毒的特点外，还有以下新的特点。

（一）传染方式多

病毒入侵网络系统的主要途径是通过工作站传播到服务器硬盘，再由服务器的共享目录传播到其他工作站。但病毒的传染方式比较复杂，通常有以下几种。

引导型病毒通过工作站或服务器的硬盘分区表或 DOS 引导区进行传染。

当在有盘工作站上执行携带病毒的程序时，病毒就会传染服务器映射盘上的文件。Login.exe 文件是用户入网登录时第一个被调用的可执行文件，因此该文件最易被病毒传染，而一旦 Login.exe 文件被病毒传染，则每个工作站在使用其进行登录时都会被传染，并进一步将病毒传染给服务器共享目录。

服务器上的程序若被病毒传染，则所有使用该带病毒程序的工作站都会被传染。混合型病毒有可能传染工作站上的硬盘分区表或 DOS 引导区。

病毒通过工作站的复制操作进入服务器，进而在网上传播。

病毒利用多任务可加载模块进行传染。

若 Novell 服务器的 DOS 分区程序 SERVER、EXE 已被病毒传染，则文件服务器系统有可能被传染。

（二）传播速度快

单机病毒只能通过磁盘从一台计算机传染到另一台计算机，而网络病毒则可以通过网络通信机制，借助高速电缆迅速扩散。

由于病毒在网络中的传播速度非常快，其扩散范围很大。据测定，在网络正常使用的情况下，只要有一台工作站感染病毒，那么在几十分钟内网上的数百台计算机将全部感染该病毒。

（三）清除难度大

再顽固的单机病毒也可以通过删除带毒文件、格式化硬盘等措施来清除，而网络中只要有一台工作站未消毒干净，就可能使整个网络全部重新被病毒感染，甚至刚刚完成杀毒工作的一台工作站也有可能被网上的另一台工作站的带毒程序传染。因此，仅对工作站进行杀毒处理并不能彻底解决网络病毒问题。

（四）扩散面广

病毒由于在网络中扩散得非常快，扩散范围很大，不仅能迅速传染局域网内所有计算机，还能通过远程工作站将病毒在一瞬间传播到千里之外。

（五）破坏性大

网络上的病毒能直接影响网络的工作状况，轻则降低网络速度，影响工作效率；重则造成网络系统瘫痪，破坏服务器系统资源，使众多工作毁于一旦。

三、计算机网络病毒的分类

计算机网络病毒的发展是相当迅速的，以下介绍几种常见的网络病毒。

（一）木马病毒

传统的木马病毒是指一些有正常程序外表的病毒程序，例如密码窃取病毒，它会伪装成系统登录框，当在登录框中输入用户名与密码时，这个伪装成登录框的木马便会将用户密码通过网络泄露出去。

（二）蠕虫病毒

蠕虫病毒是指利用网络缺陷进行繁殖的病毒程序，如"莫里斯"病毒就是典型的蠕虫病毒。它可以利用网络的缺陷在网络中大量繁殖，导致几千台服务器无法正常提供服务。如今的蠕虫病毒除了利用网络缺陷外，更多地利用一些新的技术，例如"求职信"病毒就是利用邮件系统这一大众化的平台进行传播；"密码"病毒就是利用人们的好奇心理，诱使用户主动运行病毒程序；"尼姆达"病毒则综合运用了操作系统病毒的传播方法，利用已感染文件来加速自己的传播。

（三）捆绑器病毒

捆绑器病毒是一个很新的概念，人们编写这种程序的最初目的是希望通过一次点击可以同时运行多个程序，然而这一工具却成了病毒传播的"新帮凶"。比如，通过捆绑器程序将一个小游戏与病毒进行捆绑，当用户运行游戏时，病毒也会同时悄悄地运行，给用户的计算机带来危害。

（四）网页病毒

网页病毒是指利用网页中的恶意代码来进行破坏的病毒，存在于网页之中。网页病毒其实就是利用一些脚本语言编写而成的一些恶意代码。它可以对系统的一些资源进行破坏，轻则修改用户的注册表，改变用户的首页、浏览器标题；重则可以关闭系统的很多功能，使用户无法正常使用计算机；甚至将用户的磁盘格式化。这种网页病毒容易编写和修改，使用户防不胜防，最好的方法是选用有网页监控功能的杀毒软件，以防万一。

（五）手机病毒

简单地说，手机病毒就是以手机系统为感染对象，以手机网络和计算机网络为平台，通过病毒短信等形式对手机进行攻击，造成手机异常的一种新型病毒。随着智能手机的出现，手机本身通过网络可以完成很多原本由计算机才能完成的工作，如信息处理、收发电子邮件及网页浏览等。为了完成这些工作，手机除了具备硬件设备以外，还需要上层软件的支持。这些上层软件一般是用Java、C++等语言开发出来的，属于嵌入式操作系统（把操作系统固化在芯片中）。手机就相当于一部小型计算机，因此肯定会有受到恶意代码攻击的可能。而目前的短信并不只是简单的文本内容，也包括手机铃声、图片等信息，都需要通过手机操作系统"翻译"以后再使用。恶意短信就是利用这个特点，编制出了针对某种手机操作系统漏洞的短信内容，以此攻击手机。如果水平足够高，对手机的底层操作系统足够熟悉，病毒程序的编制者甚至能编制出毁掉手机芯片的病毒，使手机彻底报废。因此，用户不能低估手机病毒的危害性。

严格来讲，手机病毒也是一种计算机病毒。这种病毒只能在计算机网络中传播而不能在手机中传播，因此所谓的手机病毒其实是计算机病毒程序启动了电信公司的一项服务，例如发送电子邮件到手机，而且它发给手机的是文档，根本无破坏力可言。当然，有的手机病毒的破坏力还是比较大的，一旦发作可能比个人计算机病毒更厉害，其传播速度甚至会更快。

黑客对手机进行攻击，通常有三种表现方式：一是攻击 WAP 服务器，使 WAP 手机无法接收正常信息；二是攻击、控制"网关"，向手机发送垃圾信息；三是直接攻击手机本身，使手机无法提供服务，这种破坏方式难度相对较大，目前的技术水平还很难达到。为防范手机病毒，用户应该尽量少从网上下载信息，平时注意短信中可能存在的病毒，也可以对手机病毒进行查杀。目前应对手机病毒的主要技术措施有两种：一是通过无线网站对手机进行杀毒；二是通过手机的 IC 接入口或红外传输口对手机进行杀毒。

四、计算机网络病毒的危害

在现阶段，计算机网络系统的各个组成部分、接口以及各连接层次的相互转换环节都不同程度地存在着某些漏洞和薄弱环节，而网络软件方面的保护机制也不完善，所以病毒很容易通过感染网络服务器在网络上快速蔓延，并影响各网络用户的信息安全以及计算机的正常运行。一些良性病毒虽然不会直接破坏正常代码，只是为了表示它存在，但却可能会干扰屏幕的显示系统，或减慢计算机的运行速度。一些恶性病毒会目标明确地破坏计算机的系统资源和用户信息，造成无法弥补的损失。所以，计算机网络一旦感染上病毒，其影响比单机感染病毒更大，破坏性也更大。计算机网络病毒的具体危害主要表现在以下几个方面。

（一）直接破坏计算机数据信息

大部分病毒在发作时会直接破坏计算机的重要信息数据，利用的手段有格式化磁盘、改写文件分配表和目录区、删除重要文件、用无意义的"垃圾"数据改写文件以及破坏 CMOS 设置等。

（二）占用磁盘空间

寄生在磁盘上的病毒总要非法占用一部分磁盘空间。引导型病毒的一般侵占方式是由病毒本身占据磁盘引导扇区，把原来的引导区转移到其他扇区，被覆盖的扇区数据将永久性丢失，无法恢复。文件型病毒利用一些 DOS 功能进行传染，这些 DOS 功能可以检测出磁盘的未用空间，把病毒的传染部分写到磁盘的未用空间，一般不破坏磁盘上的原有数据，只是非法侵占磁盘空间。一些文件型病毒传染速度很快，会在短时间内感染大量文件，使每个文件都不同程度地加长，造成磁盘空间的严重浪费。

（三）抢占系统资源

除极少数病毒外，大多数病毒在活动状态下都是常驻内存的，这就必然会抢占一部分系统资源。病毒占用的内存长度大致与病毒本身的长度相当。病毒抢占内存，导致可用内存减少，会使一部分内存较大的软件不能运行。此外，病毒还会抢占中断，总是修改一些中断地址，从而干扰系统的正常运行。网络病毒会占用大量的网络资源，使网络通信速度变得极为缓慢，甚至无法使用。

（四）影响计算机的运行速度

病毒进驻内存后不但会干扰系统运行，还会影响计算机运行速度，这种影响主要表现在以下几个方面。第一，病毒为了判断传染激发条件，总要对计算机的工作状态进行监视，这对计算机的正常运行而言既多余又有害。第二，有些病毒为了保护自己，对磁盘上的静态病毒加密，而且进驻内存后的动态病毒也处于加密状态，CPU 每次寻址到病毒处都要运行一段解密程序，把加密的病毒解密成合法的 CPU 指令，再执行该指令；而病毒运行结束时会再用一段程序对病毒重新加密，这样 CPU 就要额外执行数千条甚至上万条指令。另外，病毒在进行传染时同样要插入非法的额外操作，特别是在传染软盘时。这样不但会使计算机的速度明显变慢，而且会使软盘正常的读 / 写顺序被打乱，导致计算机发出刺耳的噪声。

（五）编制错误的计算机病毒具有不可预见的危害

计算机病毒与其他计算机软件的区别是病毒的无责任性。编制一个完善的计算机软件需要耗费大量的人力、物力，需要经过长时间调试和测试。而病毒一般是编制者在一台计算机上匆匆编制、调试后就向外抛出的。反病毒专家在分析大量的计算机病毒后发现，绝大部分病毒都存在不同程度的错误。病毒的另一个主要来源是变种病毒。有些计算机初学者尚不具备独立编制软件的能力，他们出于好奇修改别人的病毒程序，生成变种病毒，这些变种病毒中就隐含着很多错误。计算机病毒程序编制错误产生的后果往往是不可预见的，有可能比病毒本身的危害还要大。

（六）计算机病毒给用户带来严重的心理压力

据计算机销售有关部门统计，用户因怀疑"计算机有病毒"而提出的咨询约占售后服务工作量的百分之六十，经检测计算机中确实存在病毒的情况约占咨询总量的百分之七十，另有百分之三十的情况只是用户怀疑有病毒。那么用户怀疑有病毒的理由是什么呢？多半是出现诸如计算机死机、软件运行异常等现象。这些现象确实很有可能是计算机病毒造成的，但又不全是。实际上，在计算机工作异常的时候，很难要求一位普通用户去准确判断这种异常是不是病毒所为。大多数用户对病毒采取

"宁可信其有"的态度，这对保护计算机安全无疑是十分必要的，然而往往要付出相应的时间、金钱等代价。另外，仅仅因为怀疑计算机有病毒而格式化磁盘带来的损失更是难以弥补的。

总之，计算机病毒给人们造成了巨大的心理压力，极大地影响了计算机的使用效率，由此带来的无形损失是难以估量的。

第三节　几种典型的计算机病毒

一、CIH 病毒

（一）CIH 病毒简介

CIH 病毒属于文件型病毒，主要感染 Windows 9x 下的可执行文件。CIH 病毒使用面向 Windows 的 VxD 技术编制，这种病毒传播的实时性和隐蔽性都特别强。

CIH 病毒至少有 v1.0、v1.1、v1.2、v1.3、v1.4 五个版本，以下分别将这五个版本的 CIH 病毒简称为"v1.0 版本""v1.1 版本""v1.2 版本""v1.3 版本"和"v1.4 版本"。v1.0 版本是最初的 CIH 病毒，不具有破坏性；v1.1 版本能自动判断运行系统，如果运行系统是 Windows NT，则自我隐藏，不感染系统文件；v1.2 版本增加了破坏用户硬盘以及用户主机 BIOS 程序的代码，成为恶性病毒，其发作日是每年的 4 月 26 日；v1.3 版本的发作日是每年的 6 月 26 日；v1.4 版本的发作日为每月 26 日。

（二）CIH 病毒的破坏性

CIH 病毒感染 Windows 可执行文件，却不感染 Word 和 Excel 文档；感染 Windows 9x 系统，却不感染 windows NT 系统。

CIH 病毒采取一种特殊的方式对可执行文件进行感染，感染后的文件大小根本没有变化，病毒代码的大小在 1KB 左右。当一个被染毒的 exe

文件被执行时，CIH 病毒便驻留内存，在其他程序被访问时对它们进行感染。

CIH 病毒最大的特点就是对计算机硬盘以及 BIOS 程序具有超强的破坏能力。在病毒发作时，病毒从硬盘主引导区开始依次往硬盘中写入垃圾数据，直到硬盘数据全被破坏为止。因此，当 CIH 病毒被发现时，硬盘数据已经遭到破坏，当用户要采取措施时，其面临的可能是一台已经瘫痪的计算机。

CIH 病毒发作时还试图覆盖 BIOS 程序中的数据，一旦这些数据被覆盖，机器将不能启动，只能对 BIOS 程序进行重写。

（三）如何防范 CIH 病毒

首先，应了解 CIH 病毒的发作时间，如每年的 4 月 26 日、6 月 26 日及每月 26 日。在病毒发作前夕，要提前进行查毒、杀毒。

其次，杜绝使用盗版软件，要使用正版杀毒软件，并在更新系统或安装新的软件前，对系统或新软件进行一次全面的病毒检查，做到防患于未然。

最后，一定要经常对重要文件进行备份，万一计算机被病毒破坏，用户可以利用备份数据及时恢复文件。

（四）感染 CIH 病毒后应如何处理

首先，注意保护主板的 BIOS。用户应了解自己的计算机主板的 BIOS 类型，如果是不可升级的，则不必惊慌，因为 CIH 病毒对这种类型的 BIOS 的最大危害，就是使其返回出厂时的设置状态，用户只需重新设置 BIOS 即可。如果自己的计算机主板的 BIOS 是可升级的，则不要轻易地从 C 盘重新启动计算机（否则 BIOS 会被破坏），而应及时地进入 BIOS 设置程序，将系统引导盘设置为 A 盘，然后用 Windows 的系统引导软盘启动 DOS，对硬盘进行一次全面的病毒查杀。

CIH 病毒主要感染可执行文件，不感染其他文件，因此用户在彻底清除硬盘中所有的 CIH 病毒后，应该重新安装系统软件和应用软件。

最后，如果硬盘数据遭到破坏，用户可以直接使用瑞星等杀毒软件来加以恢复。用瑞星杀毒软件软盘来启动计算机，进入瑞星杀毒软件 DOS 版界面，选择"实用工具"菜单中的"修复硬盘数据"命令，根据提示进行操作，就可以对硬盘数据进行恢复。恢复完毕后，重启计算机，数据就会失而复得。

二、宏病毒

（一）宏病毒简介

宏病毒是一种使用宏编程语言编写的病毒，主要寄生于文档或模板的宏中。一旦打开这样的文档，宏病毒就会被激活，进入计算机内存，并驻留在 Normal 模板上。从此以后，所有自动保存的文档都会感染宏病毒，如果其他用户打开了感染病毒的文档，宏病毒就会转移到其他计算机上。

宏病毒通常使用 VB 脚本，影响 Microsoft office 组件或类似的应用软件，大多通过邮件传播。最有名的例子是 1999 年的"美丽杀手"病毒，该病毒通过电子邮件收发系统 Outlook，把自己放在电子邮件的附件中自动寄给其他收件人。

（二）宏病毒的特点

1.感染数据文件

以往的计算机病毒只感染程序，不感染数据文件；而宏病毒专门感染数据文件，彻底改变了人们以往"数据文件不会传播病毒"的认识。

2.多平台交叉感染

宏病毒打破了以往的计算机病毒在单一平台上传播的局限。当 Word、Excel 这类著名应用软件在不同平台上运行时，就很可能会被宏病毒交叉感染。

3.容易编写

以往的计算机病毒大多是以二进制的机器码形式出现的，而宏病毒则是以人们容易阅读的源代码形式出现的。所以与以往的计算机病毒相比，编写和修改宏病毒更加容易。这也是前几年宏病毒的数量居高不下的原因。

4. 容易传播

只要一打开带有宏病毒的电子邮件，计算机就会被宏病毒感染。此后，新打开或新建的文件都可能染上宏病毒，因此宏病毒的感染率非常高。

（三）宏病毒的预防

防治宏病毒的根本在于限制宏的执行，以下是一些行之有效的方法。

1. 禁止所有自动宏的执行

在打开 Word 文档时，按住"Shift"键，即可禁止自动宏的执行，从而达到防治宏病毒的目的。

2. 检查是否存在可疑的宏

当怀疑系统带有宏病毒时，首先应检查系统中是否存在可疑的宏，特别是一些名字奇怪的宏，如果确定这样的宏肯定是病毒，将它删除即可。即使删除错了，也不会对 Word 文档的内容产生任何影响，仅仅是少了相应的"宏功能"而已。具体做法是，选择"工具"菜单中的"宏"命令，打开宏对话框，选择要删除的宏，单击"删除"按钮即可。

3. 按照自己的习惯设置 Word 的工作环境

针对宏病毒感染 Normal 模板的特点，重新安装 Word，建立一个新文档，按照自己的使用习惯设置 Word 的工作环境，并将需要使用的宏一次性编制好，做完这些工作后保存新文档。这时生成的 Normal 模板绝对没有宏病毒，可以将其备份起来；在遇到有宏病毒感染的模板时，用备份的 Normal 模板覆盖当前的模板，就可以消除宏病毒。

4. 使用 Windows 自带的写字板

在使用可能有宏病毒的 Word 文档时，先用 Windows 自带的写字板打开文档，将其转换为写字板格式的文件并保存后，再用 Word 调用。因为写字板不调用、不保存任何宏，文档经过这样的转换，所有附带的宏（包括宏病毒）都将丢失。

5. 提示保存 Normal 模板

大部分 Word 用户仅使用 word 的普通文字处理功能，很少使用宏编程，很少对 Normal 模板进行修改。因此，用户可以选择"工具"菜单中的"选项"命令，打开"保存"选项卡，选中提示"保存 Normal 模板"的复选框。这样一旦 Word 文档感染了宏病毒，用户在退出 Word 时，Word 就会出现"更改的内容会影响到公用模板 Normal，是否保存这些修改内容"的提示信息，此时应选择"否"，并在退出后进行杀毒。

三、蠕虫病毒

蠕虫病毒即网络蠕虫病毒，是常见的计算机病毒。蠕虫是具有自我复制和传播能力、可独立自动运行的恶意程序。它综合了黑客技术和计算机病毒技术，利用系统中存在漏洞的节点计算机（主机），将自身从一个节点传播到另一个节点。

（一）网络蠕虫主体功能

网络蠕虫主体功能模块由以下四个模块构成。

1. 信息搜集模块

该模块决定采用何种搜索算法对本地或者目标网络进行信息搜集，内容包括本机系统信息、用户信息、邮件列表、对本机信任或授权的主机、本机所处网络的拓扑结构、边界路由信息等，这些信息可以单独使用或被其他个体共享。

2. 扫描探测模块

完成对特定主机的脆弱性检测，决定采用何种攻击渗透方式。

3. 攻击渗透模块

该模块利用从扫描探测模块中获得的安全漏洞，建立传播途径。该模块在攻击方法上是开放的、可扩充的。

4.自我推进模块

该模块可以采用各种形式生成各种形态的蠕虫副本，在不同主机间完成蠕虫副本传递。

（二）网络蠕虫运行机制

网络蠕虫运行机制分成如下三个阶段实施。

已经感染蠕虫病毒的主机在网络上搜索易感目标主机，这些易感主机满足蠕虫代码执行所需的条件。

已经感染蠕虫病毒的主机把蠕虫代码传送到易感目标主机上。传输方式有多种，如电子邮件等。

易感目标主机执行蠕虫代码,感染目标主机系统。目标主机被感染后，蠕虫代码重复上述步骤，直到被从主机系统清除。

（三）网络蠕虫常用技术

1.网络蠕虫扫描技术

目前，网络蠕虫主要采取三种改善传播效果的方法：减少扫描未用的地址空间；在主机漏洞密度高的地址空间发现易感主机；增加感染源。

根据网络蠕虫发现易感主机的方式进行分类，网络蠕虫的常用技术（传播方法）可以分为三类：随机扫描、顺序扫描、选择性扫描。

（1）随机扫描

即在整个IP地址空间内随机抽取一个地址进行扫描，感染的目标是非确定性的。

（2）顺序扫描

即根据感染主机的地址信息，按照本地优先原则，选择感染主机所在网络内的IP地址进行传播。顺序扫描又称子网扫描，若蠕虫扫描的目标地址IP为A，则其扫描的下一个地址IP为A+1或A−1。

（3）选择性扫描

即在事先获知一定信息的条件下，有选择地搜索下一个感染目标主机。

2. 网络蠕虫漏洞利用技术

网络蠕虫发现易感目标主机后，利用易感目标主机存在的漏洞，将蠕虫程序传播给易感目标主机。常用的网络蠕虫漏洞利用技术主要有以下几种。

（1）利用主机之间的信任关系漏洞

网络蠕虫利用系统中的信任关系，将蠕虫程序从一台机器复制到另一台机器上。

（2）利用目标主机的程序漏洞

网络蠕虫利用它构造的缓冲区溢出程序，进而远程控制易感目标主机，然后传播蠕虫程序。

（3）利用目标主机的默认用户和口令漏洞

网络蠕虫使用口令进入目标系统，直接上传蠕虫程序。

（4）利用目标主机的用户安全意识薄弱漏洞

网络蠕虫通过伪装成合法的文件，引诱用户点击执行该文件，直接触发蠕虫程序。

（5）利用目标主机的客户端程序配置漏洞

如利用计算机自动执行上传下载任务的程序的漏洞，直接执行蠕虫程序。

（四）蠕虫病毒的防治

一是安装杀毒软件，养成每次开机后杀毒的习惯。定期进行全盘扫描，对顽固木马进行查杀（针对一些极具潜伏性的病毒）。

二是做好重要文件的备份，在打开重要备份文件前先对载体和电脑进行杀毒体检。不使用中毒后的电脑打开文件，避免文件被感染。

此类病毒首次运行时，杀毒软件会有提示，用户应注意杀毒软件给出的提示，据此判断病毒类型（将病毒与我们平时所用的一些破解补丁和破解软件区分开来）。如遇此病毒立即删除并对文件进行全盘扫描，特别是系统文件。

有些病毒可能会捆绑运行，用户在使用未知的安装包或者软件，又无法判断该安装包或软件是不是病毒而又非用不可时，可以在360沙箱中先隔离运行该安装包或软件，待确认其安全后再使用。

四、木马病毒

（一）特洛伊木马

特洛伊木马是一个具有伪装能力、隐蔽执行非法功能的恶意程序，受害用户表面上看到的是计算机在执行合法功能。木马攻击过程主要分为五个部分：寻找攻击目标，收集目标系统的信息，将木马植入目标系统，木马隐藏，攻击意图实现。

（二）特洛伊木马技术

1. 特洛伊木马植入技术

特洛伊木马植入是木马攻击目标系统最关键的一步，是后续攻击活动的基础。特洛伊木马的植入技术分为被动植入和主动植入两种。被动植入是指通过人工干预的方式将木马程序安装到目标系统中，植入过程依赖于受害用户的手工操作；主动植入即主动攻击法，是指将木马程序通过程序自动安装到目标系统中，植入过程无须受害用户进行操作。

2. 特洛伊木马隐藏技术

其主要技术目标是逃避安全检测，设法隐藏木马的行为或痕迹，隐藏木马的本地活动行为、木马远程通信过程。

3. 特洛伊木马存活技术

木马的存活能力取决于网络木马逃避安全检测的能力，一些网络木马侵入目标系统时会采用反检测技术，甚至会中断反网络木马程序的运行。

4. 特洛伊木马启动技术

该技术用于控制木马程序的启动。

（三）特洛伊木马防范技术

1. 基于查看开放端口检测特洛伊木马

即根据特洛伊木马在受害计算机系统上留下的网络通信端口的使用痕迹来判断，如果某个木马的端口在某台机器上开放，则推断该机器受到了木马的侵害。

2. 基于重要系统文件检测特洛伊木马

即根据特洛伊木马在受害计算机系统上对重要文件进行修改留下的痕迹进行判断，通过比对正常的系统文件的变化情况来确认木马存在与否。以 system.ini 文件为例，在 "BOOT" 下面有条语句——"sell = 文件名"，正确的文件名应该是 "explorer.exe"，如果不是 "explorer.exe"，而是 "shell=explorer.exe 程序名"，则说明该计算机系统已经安装了木马，后面的程序名就是木马程序。

3. 基于网络检测特洛伊木马

即在网络中安装入侵检测系统，通过捕获主机的网络通信，检查网络通信中的数据包是否具有特洛伊木马的特征，或通过分析通信是否异常来判断系统是否受到了木马的侵害。

第四节　计算机病毒新技术

计算机病毒的广泛传播，推动了反病毒技术的发展；新的反病毒技术的出现，又迫使计算机病毒技术再次更新。两者相互激励，呈螺旋式上升，不断地提高各自的技术水平。在此过程中，出现了许多计算机病毒新技术，其主要目的是使计算机病毒能够广泛地传播。

一、抗分析病毒技术

抗分析病毒技术是针对病毒分析技术而言的，为了使病毒分析者难以清楚地分析出计算机病毒的原理，这种病毒技术综合采用了以下两种技术。

（一）加密技术

这是一种防止静态分析的技术，它使分析者在不执行病毒程序的情况下，无法阅读加密过的病毒程序。

（二）反跟踪技术

此技术使分析者无法动态跟踪病毒程序的运行情况。在无法对病毒程序进行静态分析和动态跟踪的情况下，病毒分析者是无法知道病毒的工作原理的。

二、病毒隐藏技术

计算机病毒刚开始出现时，人们对这种新生事物认识不足，因此计算机病毒不需要采取隐蔽技术就能达到广泛传播的目的。然而，当人们越来越了解计算机病毒，并有了一套成熟的检测病毒的方法时，病毒若想广泛地传播，就必须具备能够躲避现有的病毒检测技术的能力。

难以被发现是病毒的重要特性。隐蔽性好、不易被发现的病毒，可以争取较长的存活期，从而对计算机系统造成大面积的感染甚至伤害。隐蔽自己，使自己不被发现的病毒技术称为病毒隐藏技术，它与计算机病毒检测技术是相对应的。在此类技术的支持下，病毒可以使自己融入运行环境，隐蔽行踪，使病毒检测工具难以发现自己。一般来说，有什么样的病毒检测技术，就有什么样的病毒隐藏技术。

若计算机病毒采用了特殊的隐藏技术，则病毒进入内存后，用户几乎感觉不到它的存在。

三、多态性病毒技术

多态性病毒是指采用特殊加密技术编写的病毒，这种病毒每感染一个对象，都会采用随机方法对病毒主体进行加密，不断改变其代码。这样一来，放入宿主程序中的病毒代码就会互不相同，经过不断变化，同一种病毒就具有了多种形态。

多态性病毒是针对查毒软件设计的，所以随着这类病毒的增多，查毒软件的编写也变得更加困难，还会出现查毒软件误报等问题。多态性病毒的出现给传统的特征代码检测法带来了巨大的冲击，所有采用特征代码法的检测工具和清除病毒工具都不能识别它们。被多态性病毒感染的文件附带病毒代码，该代码每次感染文件时都会使用随机生成的算法将病毒代码密码化。其组合形态不计其数，所以不可能从该类病毒中抽出可作为查毒依据的特征代码。

但多态性病毒也存在一些无法弥补的缺陷，所以反病毒技术不能停留在先被病毒感染，然后用查毒软件扫描病毒，最后再杀掉病毒这样被动的状态，而应该采取主动防御的措施，采用跟踪病毒行为的方法，在病毒要进行传染、破坏时发出警报，并及时阻止病毒的任何有害操作。

四、超级病毒技术

超级病毒技术是一种很先进的病毒技术，其主要目的是对抗计算机病毒的预防技术。信息共享使病毒与正常程序有了汇合点，病毒能够借助信息共享渠道获得感染正常程序、实施破坏的机会。如果没有信息共享渠道，正常程序与病毒被完全隔绝，没有任何接触机会，病毒便无法攻击正常程序。反病毒工具与病毒之间的关系也是如此。如果病毒的编制者能够找到一种方法，即当计算机病毒进行感染、破坏时，能够让反病毒工具无法接触到病毒，消除两者交互的机会，那么反病毒工具便失去了捕获病毒的机会，从而使病毒的感染、破坏得以顺利达成。

计算机病毒的感染、破坏行为必然伴随着磁盘的读写操作，所以预防计算机病毒的关键在于，病毒预防工具能够获得运行机会，以便对这些读写操作进行判断分析。超级病毒技术就是在计算机病毒进行感染、破坏时，使病毒预防工具无法获得运行机会的病毒技术。一般病毒在攻击计算机时，往往要借助 DOS 才能完成窃取某些中断功能的操作。超级病毒的编制者以更高的技术编写了完全不借助 DOS 系统而能独立攻击计算机的病毒，此类病毒攻击计算机时，完全依靠病毒内部代码来进行操作，避免碰触 DOS 系统，因而不会掉入反病毒陷阱，极难被捕获。一般的软件或反病毒工具遇到此类病毒都会失效。

五、嵌入型病毒技术

病毒感染文件时，一般将病毒代码放在文件头部或者尾部，虽然可能对宿主代码做某些改变，但总的来说，病毒与宿主程序有明确的界限。

嵌入型病毒在不了解宿主程序功能及结构的情况下，能够将宿主程序拦腰截断，在宿主程序中嵌入病毒程序。此类病毒的编写也是相当困难的，一旦侵入程序体后也较难被消除。

六、病毒自动生产技术

病毒自动生产技术是针对病毒的人工分析技术而设计的。

国外曾出现过一种叫作"计算机病毒生成器"的工具，该工具界面良好，并有详尽的联机帮助，易学易用。即使是对计算机病毒一无所知的用户，也能随心所欲地组合出算法不同、功能各异的计算机病毒。另外还有一种叫作"多态性发生器"的工具，利用此工具，可将普通病毒编译后，输出很难处理的多态性病毒。由此可见，病毒的制作已经进入自动化生产的阶段。

变异引擎是一种程序变形器，可使程序代码本身发生变化而保持其原有功能。变形器可利用计算得到的密钥，产生多种多样的程序代码。当计算机病毒采用这种技术后，就会变成一种具有自我变异功能的病毒程序。这种病毒程序可以演变出各种各样的计算机病毒，而且这种变化是由程序自身的机制生成的。单从程序设计的角度讲，这是一项很有意义的新技术，这种技术使计算机软件变成了一种具有某种"生命"形式的"活"的东西。但从保卫计算机系统安全的反病毒技术人员的角度来看，这种变形病毒是一个不容易对付的敌手。从广义上讲，病毒自动生产技术是针对病毒的人工分析技术而设计的，它企图从"量"上而不是从"质"上压垮病毒分析者。

综上所述，计算机病毒技术的发展不但是数量上的增长，而且在理论上和实践上也有较大的发展和突破。从目前来看，计算机病毒技术领先于反病毒技术。只有详细了解病毒原理以及病毒采用的各种技术，才能更好地防治病毒；也只有对病毒技术从理论、技术上进行一些超前的研究，才能对新型病毒的出现做到心中有数，达到防患于未然的目的。

第五节　反病毒技术

一、计算机病毒的检测

病毒检测技术是指通过对计算机病毒的特征的检测来发现病毒的技术，但是病毒的数量呈几何级数增长，并且病毒的机制和变种也在不断地演变，给用户检测病毒带来了很大难度。

目前常用的计算机病毒检测方法主要有比较法、特征代码法、分析法、行为检测法和软件仿真扫描法等。此处详细介绍比较法、特征代码法和分析法。

（一）比较法

比较法是通过比较原始文件与被检测对象文件的大小来发现病毒的。该方法是早期病毒检测的一种常用方法，优点是简单、易于实现，并且不需要专用的查病毒软件，能够发现一些尚不能被现有查病毒软件发现的病毒；缺点是对不改变文件长度的病毒无能为力，无法确认病毒的种类与名称，误报率比较高。

（二）特征代码法

特征代码法是利用已知的病毒特征代码对被检测的对象进行扫描，如果在被检测对象内部发现了某种特征代码，就表明该对象被病毒感染了。根据特征代码法的工作原理，特征扫描器由病毒特征代码库和扫描引擎两部分组成。其中，病毒特征代码库是由经过特别抽取的各种计算机病毒的特征代码组成的数据库。

目前，常见的防病毒软件大多采用此方法检测已知病毒。特征代码法的检测效率完全取决于病毒特征代码库中特征代码的数量和质量。因此，对病毒的特征代码的抽取非常重要，既要充分反映病毒的唯一特征，又要保证代码不能太长。否则，特征代码库会占用过大的空间，影响检测的速度和效率。

特征代码法的优点是检测速度快，准确率高，能够识别的病毒种类多；缺点是不能检测未知病毒，对病毒的特征代码的抽取比较困难，病毒特征代码库要不断更新和升级。

（三）分析法

分析法是专业人士常用的一种病毒检测方法。因为该方法要求使用人员必须掌握比较全面的有关计算机硬件、操作系统、网络及病毒检测与防范方面的各种知识，并且能够熟练使用各种分析工具，如反汇编工具、二进制文件编辑器和专用的分析软件等。

二、计算机病毒的防范

病毒防范不仅涉及防范技术，还包括应当采取的防范措施等内容。

（一）病毒预防技术

预防是对付病毒的理想方法之一。病毒预防技术通过计算机自身的常驻内存，优先获得对系统的控制权，并通过对系统进行监视来判断是否有病毒存在的可能，进而阻止病毒进入计算机系统或对计算机系统进行破坏。

常见的病毒预防技术主要包括信息加密、系统引导区保护、系统监控及读写控制等。

（二）病毒防范措施

为了防范病毒，除需要各种防范技术支持外，还需要认真落实以下措施。

加强管理，提高认识。制订严格的管理规章制度，加强对相关人员的计算机安全教育，使相关人员严格遵守操作规范。

安装防病毒软件，并及时进行更新。在安装防病毒软件前，要对系统进行彻底扫描，确保系统在安装之前没被病毒感染。

严禁使用盗版软件和来历不明的软件，严禁在计算机上玩游戏，对外来软件和文件要进行病毒检测。

对执行重要工作的计算机实行专机专用。

限制在计算机网络上交换可执行的代码。

经常对系统中的重要文件和数据进行备份，为系统恢复做准备。

安装防病毒软件或防火墙，并经常进行升级。定期或随机进行病毒的检测与清除。

对来历不明的电子邮件特别是带有可执行文件附件的电子邮件，不要轻易打开。

对联网的计算机，注意访问控制策略的实施情况，严禁任何未授权访问。

采取病毒入侵应急措施，减少病毒造成的损失。

总之，计算机病毒防范是一项庞大的系统工程，除了需要有相关的防范技术支持外，还需要有相应的保障措施。只有这样才能给计算机系统、网络系统及其应用系统创造一个洁净而安全的工作环境。

三、反病毒技术的发展

随着计算机技术及反病毒技术的发展，早期的防病毒卡也像其他计算机硬件卡（如汉字卡等）一样，逐步衰落并退出市场。与此对应的情况是，各种反病毒软件经过十几年的发展，日益风行。计算机反病毒技术共经历了以下四个阶段。

第一代反病毒技术通过单纯的病毒特征代码分析，将病毒从带毒文件中清除。这种方式可以准确地清除病毒，可靠性很高。后来病毒技术发展了，特别是病毒加密和变形技术的运用，使这种简单的静态扫描方式失去了作用，反病毒技术也随之进一步发展。

第二代反病毒技术采用静态广谱特征扫描的方式检测病毒，这种技术可以更多地检测出变形病毒，但另一方面误报率也很高。尤其是用这种不严格的特征判定方式清除病毒，风险性很大，容易对合法文件和数据造成破坏。所以，静态防病毒技术也有难以弥补的缺陷。

第三代反病毒技术的主要特点是将静态扫描技术和动态仿真跟踪技术结合起来，将查找病毒技术和清除病毒技术合二为一，形成一个整体解决方案，能够全面实现防、查、杀等反病毒所必备的各种手段的综合运用，以驻留内存的方式防止病毒入侵，凡是检测到的病毒都能被清除，而且不会破坏合法文件和数据。随着计算机病毒数量的增加和新型计算机病毒技术的发展，采用静态扫描技术的反毒软件查找、清除病毒的速度有所降低，驻留内存防毒模块的方式也导致反病毒软件容易产生误报。

第四代反病毒技术则针对计算机病毒的命名规则，基于多维 CRC 校验和扫描机制、启发式智能代码分析模块、动态数据还原模块（能查出隐蔽性极强的压缩加密文件中的病毒）、内存解毒模块、自身免疫模块等先进的反病毒技术，较好地解决了以前的反病毒技术顾此失彼、此消彼长的问题。

第五章　网络安全现状

第一节　开放系统的安全

信息与材料（物质）、能源一样，是我们赖以生存的三大资源之一。因此，信息安全的重要性可想而知。

信息的有效采集、传输和使用都离不开网络。随着计算机在各个领域的广泛应用和网络通信技术的飞速发展，分布式计算机网络应用系统得到了迅猛发展和普及。计算机网络应用系统凭借共享性、可扩充性、高效性等特点，已深入经济、国防、科技等各个领域，但也正是这些特点增加了网络安全的复杂性和脆弱性。在开放式体系结构中，信息受到的攻击越来越多，确保信息安全的难度越来越大。

网络安全从本质上来讲是网络上的信息安全，它涉及的领域广泛。从广义来说，凡是涉及保护网络信息的保密性、完整性、可用性、真实性和可控性的相关技术和理论，都是网络安全要研究的领域。网络安全的通用定义是通过各种计算机技术、网络技术、密码技术和信息安全技术，保护在公用通信网络中传输、交换和存储的信息的机密性、完整性和真实性，使其不因偶然或者恶意的原因而遭到破坏、更改、泄露，并对信息的传播及内容进行控制，使应用系统连续、可靠、正常运行，保证网络服务不被中断。网络安全的结构层次包括：物理安全、安全控制和安全服务。

保证网络的安全关系到企业发展、个人隐私，还关系到国家机密和国家利益。在信息化社会中，重视网络安全，采取多种有效的安全技术，不断提高安全技术水平和管理水平，以保证信息的安全，具有极其重要的意义。

一、开放系统的基本概念

开放系统是指与外界环境存在物质、能量、信息交换的系统，强调通过应用国际化标准，使所有遵循同样标准的系统在互联时不存在障碍，即构建一个开放的网络环境。国际标准化组织（ISO）制定的OSI（开放式系统互联）模型定义了不同计算机互联的标准，是设计和描述计算机网络通信的基本框架。

确立OSI体系结构时，首先需要研究构成开放系统的基本元素，并确定相应的组织和功能。其次，根据此模型构成的框架，对开放系统的功能进行进一步描述，即形成开放系统互联的各种服务和协议。OSI体系结构将网络通信工作分成七个层次，每个层次负责完成信息交换任务中一个相对独立的部分（一项具体的工作），具有特定的功能。

二、开放系统的特征

开放系统的本质特征是系统的开放性和资源的共享性。系统的开放性指系统有能力包含各种不同的硬件设备、操作系统和访问用户；资源的共享性指系统有能力把资源提供给不同的用户，供其自由使用，没有机密性要求。

互联网是一种开放式的结构，这使互联网具有了新的特点。

（一）互联网是无中心网，再生能力强

一个局部网络的破坏，不影响整个互联网系统的运行。

（二）互联网可实现移动通信、多媒体通信等多种服务

互联网提供电子邮件、文件传输、全球浏览以及多媒体、移动通信服

务，在社会生活中起着非常重要的作用。

（三）互联网一般分为外部网和内部网

从安全保密的角度来看，互联网的安全主要指内部网的安全，因此其安全保密系统要靠内部网的安全保密技术来实现，并在内部网与外部网的连接处用防火墙技术将二者隔离开来，以确保内部网的安全。

（四）互联网的用户主体是个人

通信个人化是通信技术发展的方向，以推动"信息高速公路"的建设和发展。

三、OSI 参考模型

下面简单介绍 OSI 参考模型，即网络七层协议及其功能。

（一）物理层

物理层是 OSI 参考模型的第一层，处于 OSI 参考模型的最底层，负责描述联网设备的物理连接属性，包括各种机械、电气和功能的规定，如连接器的类型、尺寸、插脚数目和功能等主要项目，还有网络的速率和编码方法。物理连接从另一个角度理解，就是用来确保当发送出一个"1"，接收到的也是一个"1"，而不是"0"。物理层不仅需要负责物理连接的建立和维护，还需要负责物理连接的撤销。

（二）数据链路层

数据链路层将网络层送来的连续的数据流装配成一个个数据帧，然后按顺序发送出去，并处理接收端发回来的确认帧，目的是保证物理层在任何通信条件下都能向其高层提供一条无差错、高可靠的传输线路，从而保证数据通信的正确性，并为网络的正常运行提供其所要求的数据通信质量。

（三）网络层

数据链路层是在相邻的两台主机间传送数据，当数据包通过不兼容的网络时可能会产生许多问题，这些问题都需要网络层来解决。网络层服务独立于数据传输技术，为网络实体提供中继和路由方案，同时为高层应用提供数据编码。网络层最重要的作用是将数据包从源主机发送到目的主机。网络层所说的两台主机不一定是相邻的，很可能不在一个局域网内，甚至要跨越几个网络。在数据包传送过程中，网络层会根据数据包中目的主机地址的不同为它们选择合适的路径，直到数据包到达目的主机。当数据包要进入不兼容的网络时，不兼容的信息将进行必要的转换。OSI 既提供无连接的网络层服务，也提供有连接的网络层服务。无连接服务是用于传输数据和差错标识的用户数据报协议，没有差错检测和纠正机制，而是将差错处理任务交给传输层完成；面向连接的服务为传输层实体提供建立和撤销连接、数据传输的功能。

（四）传输层

传输层的基本功能是从会话层接收数据，并将这些数据传送给网络层，确保数据能正确到达目的主机，使高层应用不需要关心数据传输的可靠性和代价。基于传输层提供的端到端的控制机制以及信息交换功能，可进行系统间数据的透明传输，为应用程序提供必要的高质量服务。

（五）会话层

会话层通过不同的控制机制，根据其下四层提供的数据流，实现不同主机上的用户间的一次会话，或者一个用户远程登录另一个系统，或者在两台主机间传送一个文件。控制机制包括：统计、会话控制和会话参数协商。会话层可以使应用进程间的会话机制结构化，而基于结构化数据的交换技术允许信息以单向或者双向的方式传送。

（六）表示层

表示层独立于应用进程，一般是指在相邻层间传递简单信息的协议。

相邻层在数据表示上存在差异，因此需要通过表示层使用户根据上下文完成语法选择和调整。

（七）应用层

应用层的主要目的是满足应用需要，应用层的内容包括提供多种进程间通信的类库及其应用方法，提供建立应用协议的通用过程以及获得服务的方法等。应用层包括许多常用的协议，所有的应用进程都使用应用层提供的服务。应用层解决了两个典型问题，一个是终端类型不兼容的问题，另一个是文件传输的问题。

在网络的七层协议中，最低两层处理的是通过物理连接相连的相邻系统，也被称为中继服务。通过链路连接的一组系统，每到达下一个相邻系统即可被理解为完成了一次中继，此时需要将协议控制信息删除，并增加一个新的数据表头，以控制下一次中继。网络层处理的是网络服务，其作用是利用系统间的通信控制所有系统的合作，并在所有系统中得以体现。

值得注意的是，在实际应用中，并不采用 OSI 模型。OSI 模型是两台主机间通信行为的一个抽象。与其说它是一种模型，不如说它是一种分层的思想。互联网上使用的是 TCP/IP 协议，它负责网际之间的互联，对应网络层（包含）以上的层次，而 OSI 参考模型的下两层协议在不同的局域网上有不同的应用效果。

四、网络安全的基本目标

（一）四个基本目标

网络安全是一门涉及计算机科学、网络通信、密码学、应用数学、数论、信息论多种学科的综合性学科。网络安全有以下四个基本目标。

1.完整性

完整性是指保证信息在存储或传输过程中不被修改、破坏或丢失。

2. 可靠性

可靠性是指对信息完整性的信赖程度，即对网络信息安全系统的信赖程度。

3. 可用性

可用性是指有需要时能够随时存取所需信息。

4. 安全保密

安全保密是指防止非授权访问。

（二）安全系统的功能

为了达到基本的安全要求，安全系统应该具有如下功能。

1. 身份认证

身份认证是指用户向系统出示自己的身份证明，最简单的方法是输入用户 ID 和密码。身份验证即系统查验用户的身份证明。

身份认证是安全系统最重要且最困难的工作。用户 ID 和密码是最常用和最方便的身份认证方法。但是，许多用户为了便于记忆而使用了如姓名、年龄、生日等容易记住的密码，使密码容易被猜出。因此，对用户密码的管理也成了安全系统极为重要的一项工作。更为安全的身份认证方法是一次性密码、灵巧卡，但这些方法需要特殊的硬件和软件予以辅助。

2. 访问控制

这一功能是指控制和定义一个对象对另一个对象的访问权限。在面向对象的安全系统中，所有资源、程序甚至用户都是控制和定义的对象。安全系统必须有一组规划，当一个对象要访问另一个对象时，系统可以根据这些规划确定是否允许其访问。

3. 可记账性

这一功能要求系统保留一个日志文件，与安全相关的事件可以记在日志文件中，以便事后调查和分析，追查有关责任者，发现系统安全的弱点。

4. 对象重用

这一功能可以防止存储对象如内存、磁盘在重新分配时，前一个使用对象的用户留下的信息被后一个用户非授权获取使用。防止这一问题最简单的方法是在重新分配对象时清除所有的内容，即清除此前用户留下的所有信息。

5. 精确性

这一功能可以确保信息的完整性，确保信息在存储或传输时不被非授权者修改、破坏或删除。

6. 服务可用性

这一功能可以确保信息的可用性。

第二节　网络拓扑与安全

网络拓扑结构是指网络的结构组成方式，是连接在地理位置上分散的各个节点的几何逻辑方式。拓扑结构决定了网络的工作原理及网络信息的传输方法，对网络安全有很大的影响。

一、拨号网

由于交换和拨号功能的加入，以下所述的任何一种类型的网络都可以是拨号网。对拨号网需要解决下面一些问题：如何决定双方通信时呼出方和呼入方的长途电话费；如何证实和校验授权用户的身份；如何确定信息是安全的。

二、局域网

常用的局域网定义为：在一个建筑物（或距离很近的几个建筑物）中，用一个微机作为服务器连接若干个微机而组成的一种低成本的网络。

局域网的主要特点如下：

用户共享数据、程序及打印机类的设备；成本低，便于系统的扩展和逐渐演变；系统的可靠性、可用性较高；响应速度快；可以灵活地调整和改变设备的位置。

要确保局域网的安全性，用户需要注意以下两点。首先确保电缆是完好的，线路中间没抽头。因为局域网在每一个节点上都是最脆弱的，攻击者在每一个节点上都可以截获网络通信中的所有信息，所以应该确保每一个节点都是安全的，而且要确保用户是可信的。其次，严禁任何节点的用户未经许可与外界网络互连。

三、总线网

总线网，也叫多点网络。它从网络服务器中引出一根电缆，将所有的工作站依次接在这根电缆的各个节点上。总线网可以使用两种协议，一种是传统的以太网所使用的 CSMA/CD，而另一种是令牌传递总线网。总线方式对局域网用户来说特别方便，因为当加入新用户或者改变老用户时，可以很容易地从总线上增加或删除一些节点。

总线网中的每一个节点都负责发送和接收它的所有通信，当没有其他进程使用总线时，由一个主机把消息送到总线上，其他各主机也必须连续地检测总线以接收预定给它的消息。从这种意义上讲，总线上没有中心管理机构，每个主机都是自治的。因此，没有中心节点来控制要处理消息的路由。一个节点可以把分散的噪声插入网络，以限制隐蔽信道的应用，但是没有节点能够通过另外的节点重新设置路由并进行传输。同样，也没有一个节点来鉴别其他节点的真实性。

四、环型网

环型网每两个节点之间有唯一的路径，而且线路是闭合的。每个节点都会接收到许多消息并扫描每个消息，然后移走指定给它的消息，再加上它想传输的任何消息，将这些消息传向下一个节点。从保护网络安全的观点来看，这就意味着每个消息都要经过所有节点，并且有可能被每个节点了解。另外，没有管理机构来分析信息流以检测隐蔽信道，同样也没有管理机构来核实任何节点的真实性。一个节点可以将其本身标记为任何名字，并且可以获取属于它或不属于它的任何消息。

和总线网一样，环型网在电缆成本上要比星型网便宜，这是因为它使用的电缆数量较少。然而，与总线网不同的是，环型网中的电缆故障容易克服，信号可以在两个方向上进行传输。环型网通常用于一座大楼内，星型网中关于安全方面的控制措施同样适用于环型网。

五、星型网

星型网，也叫集中式网络，是指所有的节点都直接与中央处理机连接，并与其他节点分离，所以在该网络中从一个节点到另一个节点的通信必须经过中央处理机。星型网通常局限于一座大楼内，常用于楼内一组办公室之间，这是因为电缆的成本比较高。

星型网有以下两个重要的优点：

所有两个结点之间的通信只定义了一条路径，如果这条路径是安全的，那么通信就是安全的；

由于网络通常处于固定的物理位置，与其他类型的网络相比，星型网在确保物理安全并防止未经授权的访问上更容易一些。

第三节　网络的安全威胁

网络安全威胁被定义为对网络安全缺陷的潜在利用，这些缺陷可能导致非授权访问、信息泄露、资源耗尽、资源被盗或被破坏等。随着计算机网络的日益普及，网络已成为信息收集、处理、传输、交换必不可少的途径。然而，计算机网络开放的结构方式也使单位和个人面临许多潜在的安全威胁，网络的安全性受到越来越多的关注。

一、安全威胁的分类

网络安全面临的威胁来自多个方面，并随着时间的变化而变化，一般分为网络部件的不安全因素、软件方面的不安全因素、人员引起的不安全因素和环境的不安全因素四个方面。

（一）网络部件的不安全因素

电磁泄漏。网络端口、传输线路和计算机都有可能因屏蔽不严或未屏蔽而造成电磁泄漏，用先进的电子设备可以远距离接收这些泄漏的电磁信号。

搭线窃听。攻击者采用先进的电子设备进行通信线路监听，非法接收信息。

非法入侵。攻击者通过连接设备侵入网络，非法使用、破坏或获取信息资源。

设备故障等意外原因。

（二）软件方面的不安全因素

软件安全功能不完善，没有采用身份鉴别和访问控制安全技术。

病毒入侵。计算机病毒侵入网络并扩散到连接在网上的计算机，从而破坏网络安全系统。

（三）人员引起的不安全因素

包括但不限于：保密观念不强或不懂保密守则，随便泄露、打印、复制机密文件；有意破坏网络系统和设备；负责系统操作的人员以超越权限的非法行为获取或篡改信息。

（四）环境的不安全因素

环境的不安全因素包括地震、火灾、雷电、风灾、水灾等自然灾害，温度或湿度冲击、空气洁净度变坏、掉电、停电或静电等工作环境的影响。

另外，网络的安全威胁可以分为偶发性威胁与故意性威胁。

1. 偶发性威胁

偶发性威胁是指那些不带预谋企图的威胁，如系统故障、操作失误和软件出错。

2. 故意性威胁

故意性威胁的范围可以从使用简便的监视工具进行随意监测，扩展到使用特别的系统进行攻击。如果故意的威胁实现，就可以认为这种威胁是一种对网络的安全威胁。

二、网络攻击的方式

计算机网络信息的访问通过远程登录进行，这就给了入侵者可乘之机。假如一名入侵者在网络上窃取或破译了他人的账号或密码，那么他便可以获得对他人网络进行授权访问的权限，从而实现窃取信息资源的企图。

随着计算机技术的不断发展，入侵者的手段也在不断翻新，由简单的闯入系统、哄骗、窃听，发展到制造复杂的病毒、逻辑炸弹、网络蠕虫和特洛伊木马，而且其入侵手段还在继续发展。

入侵者进行网络攻击的方式大致有以下几种：

窃听通信业务内容，识别通信的双方，以达到了解通信网中传输信息的性质和内容的目的；

窃听数据业务及识别通信字，并依此进行通信访问，利用通信网进而了解交换的数据；

分析通信业务流量以推知关键信息，通过对通信网中业务流量的分析，了解通信的容量、方向和时间窗口等信息；

重复或延迟传输信息，使被攻击方陷入混乱，改动信息流，对网络中的通信信息进行修改、删除、重新排序，使被攻击方做出错误的反应；

阻塞网络，将大量的无用信息注入通信网以阻挠有用信息的传输；

拒绝访问，阻止合法的网络用户对网络、服务器等资源进行访问；

假冒路由，攻击网络的交换设备，将网络信息引向错误的目的地；

篡改程序，破坏操作系统、通信及应用软件，如利用"蠕虫"程序、"特洛伊木马"程序、逻辑炸弹等计算机病毒对软件进行攻击。

三、网络攻击的动机

网络攻击通常有以下四种动机。

（一）军事目的

军事情报机构是网络潜在威胁者中最主要的一支队伍，截获计算机网络上传输的信息是他们情报工作的一部分。如今，信息战已引起各国的关注。从某种层面上讲，攻击者入侵网络或许有不同的理由，但这种入侵行为客观上已经对网络安全造成了威胁。

（二）经济利益

随着私人商业网接入互联网，网络上传播着越来越多的有价值的信息，于是一类高级罪犯开始攻击网络。攻击者的首要目标是银行，现实生活中已经有罪犯通过网络从银行盗取资金的案例，而且他们还常常在网络上窃取别人的信用卡账号。他们的目标集中在入侵敌对公司的网络，获取商业机密，渗透进某公司内部的私人文件，偷取商业情报以获得经济利益，甚至进行商业竞争或诈骗活动。

（三）报复或引人注意

攻击者也会出于报复、发泄不满甚至扬名而入侵网络。他们破坏网络系统，扰乱社会活动，严重情况下会导致一个国家治安陷入混乱。

（四）恶作剧

攻击者具备一定的计算机知识，他们会访问自己感兴趣的站点。他们有时只是想做一个恶作剧，有时则会故意实施某些破坏性活动。

第四节 网络安全问题的起因分析

面对严重危害计算机网络的威胁，必须采取有力的措施来保证计算机网络的安全。但是，一些计算机网络在建设之初便忽略了安全问题。即使考虑了安全，也只是建立了物理安全机制。随着网络互联范围的扩大、网络互联程度的提高，物理安全机制对网络环境来讲形同虚设。另外，目前网络上使用的协议，如 TCP/IP 协议，在制订之初也没有把安全问题考虑在内。开放性和资源共享是产生计算机网络安全问题的主要根源，所以网络安全应主要依赖加密、网络用户身份鉴别、存取控制策略等技术手段。产生网络安全问题的原因大致有以下几个方面：

计算机系统的脆弱性；

操作系统的不安全性，目前流行的许多操作系统，如 UNIX、Windows 均存在网络安全漏洞；

来自内部网用户的安全威胁；

计算机系统未能对电子邮件夹带的病毒及网页浏览可能存在的恶意控件进行有效控制；

计算机系统所用的协议组、软件本身缺乏安全性；

应用服务系统的安全性较低，许多应用服务系统在访问控制及安全通信方面考虑较少，如果系统设置错误很容易造成损失。

一、计算机系统的脆弱性

计算机应用系统自身的脆弱性主要表现在如下方面。

电子技术基础薄弱，抵抗外部环境影响的能力也比较弱。

数据聚集性与系统安全性密切相关。当数据以分散的小块出现时，其价值往往不大；当大量相关信息集聚时，则显示出空前的重要性。

生磁效应和电磁泄漏的不可避免。

连接计算机系统的通信网络在许多方面存在薄弱环节，破坏者可以通过未受保护的外部环境和线路来访问系统内部，搭线窃听、远程监控、攻击破坏等情况都有可能发生。

从根本上讲，数据处理的可访问性和资源共享的目的性之间是有矛盾的。网络设备的硬件故障会直接导致网络中断运行甚至重要数据被损坏。一般服务器需要为客户提供高密度、大负荷的服务，这样势必会给服务器的硬件带来极大的负担，一台性能稳定的服务器远胜过一台高性能但是性能不够稳定的服务器。对网络设备的选择，如网卡、路由器也应当根据需求选择，若这些设备的质量不过关，或者说无法满足需求，网络的稳定运行就没有了保障。

二、病毒

制造病毒的目的就是毁灭目标。病毒对网络而言无疑是一场灾难，病毒可以直接导致网络系统崩溃。即使我们能够成功地找出防治以及清除病毒的方法，但是已经造成的损害以及清除病毒所需的费用是巨大的。没有机构可以保证其对病毒的防范措施是绝对有效的。因此，大部分机构必须提前做好应对病毒大规模传播的准备。

三、入侵者

"入侵者"即真正意义上的非法入侵网络的人。在现实生活中，我们一般称通过计算机网络非法进入他人系统的计算机入侵者为"黑客"。在此需要对"黑客"一词进行说明。首先，"黑客"的全称是"电脑黑客"，是英文"hacker"的音译兼意译词。其次，"黑客"原指精通电脑技术的专家，他们中有一部分人分化出来，专门侵入网站系统制造混乱，故被人称为"黑客"。其中，分化出来的那部分人才是本文所指的"入侵者"。入侵者对网络的威胁程度，与人们对计算机及网络的依赖程度和从事的业务种类密切相关。

四、网络协议的缺陷

根据网络安全检测软件的实际测试结果来看，一个没有安全防护措施的网络，其安全漏洞通常在一千五百个左右。网络系统所依赖的 TCP/IP 协议，在设计上就不安全，其安全缺陷主要表现在以下几个方面。

（一）TCP/IP 协议数据流采用明文传输

目前的 TCP/IP 协议主要建立在以太网上，以太网的一个基本特性是：当网络设备发送一个数据包时，同网段上的每一个网络设备都会收到该数据包，然后通过检查其目的地址来决定是否处理这个数据包。如果以太网卡处于一种混杂的工作模式，那么此网卡就会接收并处理所有的数据包。因此，数据信息很容易被在线窃听、篡改和伪造。特别是在使用 FTP 协议和 TELNET 协议时，用户的账号、口令都采用明文传输，攻击者可以截取含有用户账号、口令的数据包，然后进行攻击。

（二）源地址欺骗或 IP 欺骗

TCP/IP 协议用 IP 地址作为网络节点的唯一标识，但是节点的 IP 地址不是固定的，而是一个公共数据，攻击者可以直接修改节点的 IP 地址，冒充某个可信节点的 IP 地址进行攻击。因此，IP 地址不能被当作一种可信的认证方法。

（三）源路由选择欺骗

在 TCP/IP 协议中，IP 数据包为测试目的地址设置了一个选项，该选项指明了到达节点的路由。攻击者冒充某个可信节点的 IP 地址，构造一个通往某个服务器的直接路径和返回的路径，利用可信用户作为通往服务器的路由中的最后一站，就可以向服务器发送请求，对其进行攻击。在 TCP/IP 协议的两个传输层协议，即 TCP 和 UDP 中，UDP 是面向非连接的，没有初始化的连接建立过程，所以更容易被欺骗。

（四）路由选择信息协议攻击

RIP 协议（路由信息协议）用来在局域网中发布动态路由信息。它是为了给局域网中的节点提供一致的路由选择和可到达性信息而设计的。但是，各节点不对收到的信息的真实性进行检查（TCP/IP 协议没有提供这个功能），因此攻击者可以在网上发布虚假的路由信息，利用 ICMP（互联网控制消息协议）的重定向信息欺骗路由器或主机，将正常的路由器定义为失效路由器，从而达到非法存取的目的。

（五）鉴别攻击

TCP/IP 协议只能以 IP 地址为依据对用户身份进行鉴别，而不能对节点上的用户进行有效的身份认证，因此服务器无法鉴别登录用户的身份的有效性。

（六）TCP 序列号欺骗

TCP 序列号可以预测，因此攻击者可以构造一个 TCP 序列号，对网络中的某个可信节点进行攻击。

（七）TCP 序列号轰炸攻击

TCP 是一个面向连接、可靠的传输层协议，通信双方必须通过握手的方式建立一条连接。如果一个客户采用地址欺骗的方式伪装成一个不可到达的主机，将不能完成正常的三次握手过程，让目标主机等到超时再恢复，这是它的攻击原理。

（八）易欺骗性

在 UNIX 环境中，非法用户用 TCP/IP 将其机器连接到 UNIX 主机上，将 UNIX 主机当作服务器，使用 NFS（网络文件系统）对主机目录和文件进行访问。因为 NFS 只使用 IP 地址对用户进行认证，而用同样的名字和 IP 地址将一台非法机器的用户设置成为合法机器的用户是很容易的。电子邮件无任何用户认证手段，因此很容易被伪造。

以上事实表明，在网络上如何保证合法用户对资源的合法访问，以及如何防止网络黑客的攻击，是网络安全防范的主要内容。绝对安全的计算机是不存在的，绝对安全的网络是不可能存在的。计算机只要已经使用，就或多或少地存在安全问题，只是程度不同而已。网络安全的攻与防是一对"矛盾"。网络安全措施应能全方位地针对各种不同的威胁，这样才能确保网络信息的保密性、完整性和可用性。

结　语

　　从世界上第一台计算机诞生，到今天互联网的日益普及，计算机的发展可谓突飞猛进。计算机技术的快速发展把人类文明带入了信息时代。计算机网络的出现，使人们在获取和传递信息时又多了一种选择，而且是一种空前自由的选择。它使信息的传播速度、质量与范围在时间和空间上有了质的飞跃。

　　随着计算机技术在社会各个领域中的广泛应用和快速发展，网络的普及速度超出了人们的想象，通过网络传输、存储和处理的信息呈几何级增长，网络已经成为信息社会不可或缺的基础设施。但是网络安全以及网络应用安全一直都是人们密切关注的焦点，互联网的开放性加上系统的缺陷与漏洞、入侵者恶意攻击、计算机病毒、工作人员的误操作以及用户安全意识淡薄等安全威胁的存在，给基于网络的各种应用如电子商务、电子政务等的安全带来了极大的挑战。因此，加强网络安全管理、提高网络安全性已经成为关系国家安全、经济发展和社会稳定的一个重大课题，具有重要的战略意义。

参考文献

[1] 李文君. 计算机网络信息安全中虚拟专用网络技术的应用策略研究 [J]. 计算机产品与流通，2020（11）：80.

[2] 畅许斌. 关于计算机网络信息安全保密技术研究 [J]. 计算机产品与流通，2020（11）：97.

[3] 归达伟，贺国旗. 基于"1+X"证书的校企深度融合信息技术人才培养模式研究与实践 [J]. 现代职业教育，2020（39）：27-29.

[4] 毕刚. 计算机网络信息安全技术及其防护策略 [J]. 电脑编程技巧与维护，2020（09）：170-171+174.

[5] 张昊，贺江敏，屈晔. 网络安全漏洞检测技术研究及应用 [J]. 网络空间安全，2020，11（09）：84-89.

[6] 周旺红. 网络安全分析中大数据技术应用 [J]. 电子世界，2020（17）：108-109.

[7] 朱泓. 网络环境下计算机硬件安全保障及维护策略 [J]. 网络安全技术与应用，2020（09）：7-8.

[8] 张志花. 基于网络信息安全技术管理的计算机应用探究 [J]. 网络安全技术与应用，2020（09）：8-9.

[9] 黄健. 计算机信息管理技术在网络安全中的应用 [J]. 网络安全技术与应用，2020（09）：12-13.

[10] 余宏陈. 浅析计算机安全防护中数字签名技术的应用 [J]. 网络安全技术与应用，2020（09）：25-26.

[11] 唐宇 . 人工智能在计算机网络技术中的应用研究 [J]. 网络安全技术与应用，2020（09）：107-108.

[12] 唐彭卉 . 广电网络信息安全技术研究 [J]. 网络安全技术与应用，2020（09）：123-124.

[13] 赵晓峰，赵俊杰 . 互联网＋网络信息安全现状与防护研究 [J]. 科技风，2020（25）：86-87.

[14] 谢汉明，米雪峰 . 电力信息安全技术防护措施探讨 [J]. 电工技术，2020（17）：115-116.

[15] 宋胜文 . 面向网络空间安全的中职计算机网络教学改革 [J]. 现代职业教育，2020（38）：150-151.

[16] 张欣 . 计算机网络安全教学中虚拟机技术的应用分析 [J]. 计算机产品与流通，2020（10）：90.

[17] 姜可 . 计算机网络安全与漏洞扫描技术的应用研究 [J]. 计算机产品与流通，2020（10）：105.

[18] 孙平远 . 电力信息物理系统的网络攻击重构及其仿真技术研究 [D]. 浙江大学，2020.

[19] 汪莹 . 论拒不履行信息网络安全管理义务罪 [D]. 华南理工大学，2019.

[20] 刘航希 . 政法共享协同平台关键技术研究 [D]. 中国人民公安大学，2019.

[21] 刘海江 . 无线中继网络中稳健波束形成及信道扰动系数研究 [D]. 河南大学，2019.

[22] 李丹宁 . 朝阳 10kV 配电网馈线自动化的设计与实现 [D]. 华北电力大学，2019.

[23] 蒋宁 . 面向数字化车间工业控制网络的信息安全技术研究 [D]. 中国科学院大学（中国科学院沈阳计算技术研究所），2019.

[24] 方玥.网络技术服务提供者不作为的刑事归责边界研究[D].东南大学，2019.

[25] 刘一玮.个人信息出境安全评估法律问题研究[D].北方工业大学，2019.

[26] 李孔渤.基于安卓的恶意软件静态检测技术研究[D].天津理工大学，2019.

[27] 高歆.我国信息安全产业发展中的政府干预行为研究[D].电子科技大学，2019.

[28] 王洋.信息中心网络多源分发及安全防护技术研究[D].上海交通大学，2019.

[29] 刘以胜.基于应用过滤技术的协议单向网闸系统研究[D].南京邮电大学，2017.

[30] 庞继福.基于CPS的区域能源网络信息安全防护技术研究[D].华北电力大学，2018.

[31] 赵萌.针对电力通信网的信息安全技术研究[D].吉林大学，2018.

[32] 邢静宇.电力信息网络节点安全检测和评估技术研究[D].北京邮电大学，2015.

[33] 李美莲.基于信息服务保障行驶安全的主动控制策略研究[D].西安电子科技大学，2014.

[34] 刘越.基于PHP的企业门户网站管理系统的设计与实现[D].东北大学，2015.

[35] 杨思思.数据中心网络安全服务管理系统的设计与实现[D].电子科技大学，2014.

[36] 雷梦龙.基于WSN的储粮状态信息采集及智能处理技术研究[D].湖南农业大学，2014.

[37] 王峰 . 银行网银系统网络安全建设方案的分析与设计 [D]. 华南理工大学，2014.

[38] 陈子平 . 基于物联网技术的安防定位管理系统研究和设计 [D]. 复旦大学，2014.

[39] 邓贤君 . 基于 ISO20071 的金融信息安全系统设计与实现 [D]. 电子科技大学，2014.

[40] 洪勇 . 传感器网络相关性模型的安全与路由研究 [D]. 长沙理工大学，2014.

[41] 杨柏棣 . 移动通信网络中的协作通信及其信息安全技术研究 [D]. 东北石油大学，2014.

[42] 徐立杰 . 网络信息安全技术在手机银行系统中的应用与研究 [D]. 华北电力大学，2014.